Rajni Gautam

Avanços recentes na indústria alimentar

AF524710

Rajni Gautam

Avanços recentes na indústria alimentar

ScienciaScripts

Imprint
Any brand names and product names mentioned in this book are subject to trademark, brand or patent protection and are trademarks or registered trademarks of their respective holders. The use of brand names, product names, common names, trade names, product descriptions etc. even without a particular marking in this work is in no way to be construed to mean that such names may be regarded as unrestricted in respect of trademark and brand protection legislation and could thus be used by anyone.

Cover image: www.ingimage.com

This book is a translation from the original published under ISBN 978-620-7-47459-2.

Publisher:
Sciencia Scripts
is a trademark of
Dodo Books Indian Ocean Ltd. and OmniScriptum S.R.L publishing group

120 High Road, East Finchley, London, N2 9ED, United Kingdom
Str. Armeneasca 28/1, office 1, Chisinau MD-2012, Republic of Moldova, Europe
Printed at: see last page
ISBN: 978-620-8-15248-2

Copyright © Rajni Gautam
Copyright © 2024 Dodo Books Indian Ocean Ltd. and OmniScriptum S.R.L publishing group

Avanços recentes na indústria alimentar

Por Rajni Gautam

Prefácio

A indústria alimentar está a passar por uma profunda transformação, impulsionada pelos avanços tecnológicos, pelas mudanças nas preferências dos consumidores e pelas crescentes preocupações com a sustentabilidade e a saúde. Desde a exploração agrícola até à mesa, todos os aspectos da cadeia de abastecimento alimentar estão a ser reimaginados e reinventados para responder aos desafios do século XXI.

Neste livro, aprofundamos os últimos desenvolvimentos em vários domínios da indústria alimentar, desde práticas agrícolas sustentáveis e fontes alternativas de proteínas até soluções de embalagem inteligentes e digitalização. Cada capítulo foi concebido para fornecer informações sobre a investigação de ponta, as tendências emergentes e as inovações transformadoras que estão a impulsionar o progresso neste domínio.

O nosso objetivo não é apenas mostrar os avanços notáveis que estão a ocorrer, mas também inspirar o diálogo e a colaboração entre as partes interessadas em todo o ecossistema alimentar. Ao promover uma compreensão mais profunda das oportunidades e desafios que a indústria enfrenta, esperamos catalisar a ação colectiva no sentido de construir um sistema alimentar mais resiliente, equitativo e sustentável para as gerações futuras.

Índice

Capítulo 1: Introdução ao panorama alimentar moderno

1.1 Evolução da dinâmica da indústria alimentar

A evolução da dinâmica da indústria alimentar reflecte a intrincada interação entre os avanços tecnológicos, as mudanças socioeconómicas e a evolução das preferências dos consumidores ao longo do tempo. Desde os primórdios da agricultura de subsistência até às actuais cadeias de abastecimento alimentar globalmente interligadas, a indústria alimentar sofreu profundas transformações. Compreender esta evolução fornece informações valiosas sobre os desafios e oportunidades que a indústria enfrenta atualmente. Vamos explorar as principais etapas desta evolução:

Agricultura de subsistência: Nas primeiras sociedades humanas, a produção alimentar baseava-se essencialmente na subsistência, com indivíduos ou pequenas comunidades a cultivarem as suas próprias colheitas e a criarem gado para satisfazerem as suas necessidades básicas. A agricultura surgiu como um meio de assegurar um abastecimento alimentar estável, marcando a transição de estilos de vida nómadas de caçadores-recolectores para comunidades agrícolas fixas.

Revolução Agrícola: O advento da agricultura marcou um ponto de viragem significativo na história da humanidade, permitindo o cultivo de plantas em grande escala. Inovações como o arado, os sistemas de irrigação e as técnicas de reprodução selectiva aumentaram a produtividade agrícola, conduzindo a excedentes que apoiaram o crescimento das civilizações e das redes de comércio.

Industrialização e produção em massa: A Revolução Industrial trouxe a mecanização e as técnicas de produção em massa que revolucionaram o processamento e o fabrico de alimentos. Inovações como a máquina a vapor, a refrigeração e as tecnologias de enlatamento permitiram a preservação e distribuição de alimentos perecíveis a longas distâncias, lançando as bases para as modernas cadeias de abastecimento alimentar.

Ascensão das empresas do sector alimentar: O século XX assistiu à consolidação da indústria alimentar em grandes empresas que dominavam vários sectores, desde a agricultura e a transformação até à distribuição e ao retalho. Estas empresas aproveitaram as economias de escala e a integração vertical para racionalizar a produção e maximizar os lucros, remodelando o panorama alimentar global.

Avanços tecnológicos: A segunda metade do século XX assistiu a rápidos avanços tecnológicos na agricultura e na transformação de alimentos, incluindo o desenvolvimento de fertilizantes sintéticos, pesticidas e organismos geneticamente modificados (OGM). Estas tecnologias prometiam um aumento da produtividade, da resistência às pragas e do prazo de validade, mas também suscitavam preocupações quanto à sustentabilidade ambiental e à segurança alimentar.

Movimento de Saúde e Bem-Estar: Nas últimas décadas, a crescente consciencialização dos consumidores para a saúde e o bem-estar levou a mudanças na dinâmica da indústria alimentar. Há uma procura crescente de alimentos naturais, orgânicos e minimamente processados, bem como de alternativas à base de plantas para a carne e os lacticínios. Os alimentos funcionais enriquecidos com vitaminas, minerais e outros compostos bioactivos também ganharam popularidade pelos seus potenciais benefícios para a saúde.

Digitalização e comércio eletrónico: A proliferação de tecnologias digitais e plataformas de comércio eletrónico transformou a forma como os alimentos são produzidos, comercializados e consumidos. As compras de mercearia online, os serviços de entrega de refeições e as aplicações de entrega de alimentos perturbaram os modelos tradicionais de retalho, oferecendo conveniência e experiências personalizadas aos consumidores, ao mesmo tempo que apresentam novos desafios para os produtores e retalhistas de alimentos.
Sustentabilidade e rastreabilidade: Com as crescentes preocupações sobre a degradação ambiental, as alterações climáticas e a segurança alimentar, há uma atenção renovada à sustentabilidade e à rastreabilidade em toda a cadeia de abastecimento alimentar. Os consumidores exigem cada vez mais transparência e responsabilidade por parte das empresas do sector alimentar, impulsionando iniciativas para reduzir o desperdício alimentar, conservar os recursos naturais e apoiar práticas de abastecimento éticas.

1.2 Impacto da tecnologia e da inovação

O impacto da tecnologia e da inovação na indústria alimentar tem sido profundo, remodelando quase todos os aspectos da cadeia de abastecimento alimentar, desde a exploração agrícola até à mesa. Estes avanços revolucionaram a produção, processamento, distribuição e consumo de alimentos, levando a melhorias na eficiência, sustentabilidade e segurança. Vamos explorar as principais áreas em que a tecnologia e a inovação tiveram um impacto significativo:
Agricultura de precisão: A tecnologia transformou a agricultura moderna através da implementação de técnicas de agricultura de precisão. As imagens de satélite, os drones, os sistemas GPS e os sensores permitem aos agricultores monitorizar a saúde das culturas, otimizar a irrigação e aplicar fertilizantes e pesticidas com precisão, o que resulta em rendimentos mais elevados, custos de insumos reduzidos e impacto ambiental minimizado.
Engenharia genética e biotecnologia: Os avanços na engenharia genética e na biotecnologia levaram ao desenvolvimento de culturas geneticamente modificadas com caraterísticas desejáveis, tais como resistência a pragas, tolerância à seca e perfis nutricionais melhorados. Estas tecnologias têm o potencial de aumentar a produtividade das culturas, melhorar a segurança alimentar e resolver as deficiências nutricionais das populações vulneráveis.
Processamento e fabrico de alimentos: As inovações tecnológicas revolucionaram o processamento e o fabrico de alimentos, permitindo a produção de uma vasta gama de alimentos processados com um prazo de validade alargado, maior segurança e melhor valor nutricional. O processamento a alta pressão, o processamento térmico e as novas técnicas de embalagem são apenas alguns exemplos de tecnologias que transformaram a forma como os alimentos são processados e preservados.
Automação e robótica: A automação e a robótica estão a ser cada vez mais utilizadas nas instalações de produção alimentar para simplificar as operações, melhorar a eficiência e garantir a consistência da qualidade dos produtos. O equipamento de

colheita automatizado, os sistemas de triagem robotizados e as soluções de embalagem robotizadas são exemplos de tecnologias que estão a revolucionar os processos de fabrico e distribuição de alimentos.

Internet das Coisas (IoT) e Agricultura Inteligente: A integração de dispositivos e sensores IoT nas operações agrícolas permitiu a monitorização e gestão em tempo real das actividades agrícolas, incluindo os níveis de humidade do solo, as condições meteorológicas e o desempenho do equipamento. Os sistemas de agricultura inteligente permitem que os agricultores tomem decisões baseadas em dados, optimizem a utilização de recursos e maximizem os rendimentos, minimizando o impacto ambiental.

Digitalização da cadeia de abastecimento alimentar: As tecnologias digitais transformaram a cadeia de abastecimento alimentar, permitindo uma maior transparência, rastreabilidade e eficiência desde a exploração agrícola até à mesa. A tecnologia Blockchain, por exemplo, fornece um registo inviolável de transacções e movimentos de produtos, aumentando a segurança alimentar e a garantia de qualidade e reduzindo o risco de fraude e contaminação.

Nutrição personalizada e tecnologia alimentar: Os avanços na biotecnologia, análise de dados e inteligência artificial abriram caminho para soluções de nutrição personalizada adaptadas às preferências individuais, requisitos dietéticos e objectivos de saúde. As startups de tecnologia alimentar estão a tirar partido destas tecnologias para desenvolver produtos e serviços inovadores, tais como kits de refeições personalizadas, dietas baseadas no ADN e aplicações de acompanhamento nutricional.

Inovações alimentares sustentáveis: A tecnologia e a inovação estão a impulsionar o desenvolvimento de soluções alimentares sustentáveis que minimizam o impacto ambiental, conservam os recursos naturais e promovem o bem-estar animal. Desde alternativas à carne à base de plantas e carne cultivada até à agricultura vertical e sistemas de produção em circuito fechado, estas inovações são promissoras para a criação de um sistema alimentar mais sustentável e resiliente para as gerações futuras.

1.3 Panorama dos actuais desafios e oportunidades

A indústria alimentar é confrontada com uma miríade de desafios e oportunidades que moldam o seu panorama e impulsionam a inovação. Compreender estes desafios e oportunidades é crucial para que as partes interessadas possam navegar pelas complexidades da indústria e capitalizar as tendências emergentes. Vamos examinar alguns dos principais desafios e oportunidades que a indústria alimentar enfrenta atualmente:

Desafios:

Segurança alimentar: Apesar dos avanços na agricultura, a segurança alimentar continua a ser um desafio global premente, exacerbado por factores como o crescimento da população, as alterações climáticas, a escassez de água e a degradação dos solos. Garantir o acesso a alimentos seguros, nutritivos e a preços acessíveis para todos continua a ser uma prioridade para o sector.

Sustentabilidade: A indústria alimentar está sob pressão crescente para adotar práticas sustentáveis que minimizem o impacto ambiental, conservem os recursos naturais e promovam a biodiversidade. Abordar questões como a desflorestação, as emissões de gases com efeito de estufa e a poluição da água exige esforços de colaboração em toda a cadeia de abastecimento.

Desperdício de alimentos: O desperdício alimentar é um desafio significativo para a indústria, estimando-se que um terço de todos os alimentos produzidos a nível mundial se perca ou seja desperdiçado todos os anos. A redução do desperdício alimentar não só conserva os recursos, como também combate a fome, reduz as emissões de gases com efeito de estufa e contribui para um sistema alimentar mais sustentável.

Saúde e nutrição: As taxas crescentes de doenças relacionadas com a alimentação, como a obesidade, a diabetes e as doenças cardiovasculares, representam um grande desafio para a saúde pública. A indústria enfrenta uma procura crescente de opções alimentares mais saudáveis e nutritivas, bem como uma maior transparência e responsabilidade nas práticas de rotulagem e marketing.

Resiliência da cadeia de abastecimento: A pandemia da COVID-19 evidenciou vulnerabilidades nas cadeias de abastecimento alimentar globais, incluindo perturbações no transporte, escassez de mão de obra e estrangulamentos na cadeia de abastecimento. Criar resiliência e agilidade nas operações da cadeia de abastecimento é essencial para mitigar futuras perturbações e garantir a segurança alimentar.

Oportunidades:

Inovação e tecnologia: Os avanços na tecnologia, incluindo a agricultura de precisão, a biotecnologia e a digitalização, apresentam oportunidades para aumentar a produtividade, a eficiência e a sustentabilidade em toda a cadeia de abastecimento alimentar. A adoção da inovação pode impulsionar mudanças transformadoras e desbloquear novas oportunidades de crescimento e competitividade.

Proteínas alternativas: A crescente popularidade das fontes de proteína alternativas e à base de plantas apresenta oportunidades de diversificação e inovação na indústria alimentar. Os substitutos de carne à base de plantas, a carne cultivada e as proteínas de insectos oferecem alternativas sustentáveis à agricultura animal tradicional, satisfazendo as preferências dos consumidores e as tendências alimentares em constante mudança.

Nutrição personalizada: Os avanços na nutrição personalizada e nas tecnologias de acompanhamento da saúde permitem recomendações dietéticas adaptadas com base nas preferências individuais, na genética e nos objectivos de saúde. As soluções de nutrição personalizada oferecem oportunidades de diferenciação de produtos, marketing direcionado e maior envolvimento do consumidor.

Economia circular: A adoção de princípios da economia circular, como a redução de resíduos, a eficiência dos recursos e a otimização do ciclo de vida dos produtos, apresenta oportunidades para criar valor e minimizar o impacto ambiental. Os sistemas de produção em circuito fechado, a reciclagem de resíduos alimentares e as soluções de embalagem sustentáveis contribuem para um sistema alimentar mais circular e resiliente.

Transparência e rastreabilidade: A crescente demanda dos consumidores por transparência e rastreabilidade na produção e fornecimento de alimentos apresenta oportunidades para as marcas se diferenciarem e criarem confiança com os consumidores. A tecnologia Blockchain, a rotulagem inteligente e as iniciativas de transparência da cadeia de abastecimento permitem uma maior visibilidade das origens e do percurso dos produtos alimentares.

Capítulo 2: Agricultura sustentável e técnicas agrícolas

2.1 Agricultura de precisão e aplicações IoT

A agricultura de precisão, também conhecida como agricultura de precisão, é um conceito de gestão agrícola que emprega tecnologia para otimizar as práticas agrícolas e aumentar o rendimento das colheitas, minimizando os factores de produção como a água, os fertilizantes e os pesticidas. Um dos principais facilitadores tecnológicos da agricultura de precisão é a Internet das Coisas (IoT), que envolve a utilização de dispositivos e sensores interligados para recolher, monitorizar e analisar dados em tempo real. Vamos explorar a forma como a agricultura de precisão e as aplicações IoT estão a transformar a agricultura:

Deteção e monitorização remotas: Os sensores IoT, os drones e as imagens de satélite fornecem aos agricultores dados em tempo real sobre os níveis de humidade do solo, a saúde das culturas e as condições ambientais. Esta informação permite aos agricultores tomar decisões baseadas em dados sobre irrigação, fertilização e gestão de pragas, optimizando a utilização de recursos e maximizando o rendimento das culturas.

Irrigação de precisão: Os sistemas de irrigação com IoT utilizam sensores para monitorizar os níveis de humidade do solo e as condições meteorológicas, ajustando automaticamente os calendários de irrigação para garantir que as culturas recebem a quantidade certa de água no momento certo. Isto reduz o desperdício de água, minimiza o escoamento e melhora a eficiência da utilização da água, particularmente em regiões com stress hídrico.

Equipamento agrícola inteligente: As máquinas e equipamentos agrícolas com IoT, como tractores, ceifeiras e drones, estão equipados com sensores e tecnologia GPS para recolher dados sobre as condições do campo e o desempenho das culturas. Estes dispositivos inteligentes permitem uma plantação, sementeira, pulverização e colheita precisas, reduzindo os custos de mão de obra e melhorando a eficiência operacional.

Monitorização e gestão das culturas: Os sensores IoT instalados em todo o campo monitorizam continuamente os parâmetros ambientais, como a temperatura, a humidade e os níveis de nutrientes do solo. Estes dados são analisados em tempo real para detetar sinais precoces de stress nas plantas, surtos de doenças ou deficiências de nutrientes, permitindo aos agricultores tomar medidas corretivas atempadas e evitar perdas de rendimento.

Sistemas de análise preditiva e de apoio à decisão: A análise avançada e os algoritmos de aprendizagem automática analisam grandes volumes de dados recolhidos a partir de sensores IoT para gerar informações e recomendações para os agricultores. Os modelos preditivos podem prever os rendimentos das culturas, prever surtos de pragas e otimizar as aplicações de insumos, ajudando os agricultores a tomar decisões informadas e a otimizar a produtividade.

Integração da cadeia de fornecimento: A tecnologia IoT facilita a integração e a rastreabilidade contínuas em toda a cadeia de abastecimento agrícola, desde a exploração agrícola até à mesa. As plataformas baseadas em Blockchain permitem o registo transparente e seguro das transacções, permitindo aos consumidores seguir a origem e o percurso dos produtos alimentares, verificar a autenticidade e garantir o cumprimento das normas de qualidade e segurança.

Monitorização ambiental e sustentabilidade: A agricultura de precisão e as aplicações de loT permitem aos agricultores adotar práticas agrícolas sustentáveis que minimizam o impacto ambiental e conservam os recursos naturais. Ao otimizar a utilização dos factores de produção, reduzir o escoamento de produtos químicos e promover a saúde do solo, a agricultura de precisão contribui para a conservação da biodiversidade e a resiliência dos ecossistemas.

Percepções baseadas em dados e melhoria contínua: A riqueza de dados gerada pelos sensores IoT e pelas práticas de agricultura de precisão fornece informações valiosas sobre o desempenho das culturas, a variabilidade do campo e a eficiência operacional. Os agricultores podem utilizar esta informação para identificar áreas de melhoria, aperfeiçoar estratégias de gestão e otimizar continuamente as práticas agrícolas para obter melhores resultados.

2.2 Agricultura vertical e agricultura urbana

A agricultura vertical e a agricultura urbana são abordagens inovadoras à produção de alimentos que tiram partido da tecnologia e de práticas sustentáveis para cultivar culturas em ambientes fechados ou controlados em zonas urbanas. Estes métodos oferecem inúmeros benefícios, incluindo maior segurança alimentar, menor impacto ambiental e maior eficiência de recursos. Vamos aprofundar os principais aspectos da agricultura vertical e da agricultura urbana:

Maximizar a utilização do espaço: A agricultura vertical envolve o cultivo de culturas em camadas ou prateleiras empilhadas verticalmente, normalmente em instalações interiores como armazéns, contentores de transporte ou edifícios altos. Esta configuração vertical permite a utilização eficiente do espaço urbano limitado, possibilitando o cultivo de uma quantidade significativa de alimentos em áreas densamente povoadas.

Agricultura em Ambiente Controlado (CEA): A agricultura vertical utiliza técnicas de agricultura de ambiente controlado para criar condições de crescimento óptimas para as culturas. Factores ambientais como a temperatura, a humidade, a intensidade da luz e os níveis de nutrientes são cuidadosamente monitorizados e controlados utilizando tecnologia avançada, incluindo iluminação LED, sistemas hidropónicos ou aeropónicos e sistemas de controlo climático.

Produção durante todo o ano: A agricultura vertical permite a produção de produtos frescos durante todo o ano, independentemente das variações sazonais ou das condições climatéricas. Ao proporcionar um ambiente controlado, os agricultores podem prolongar as épocas de cultivo, otimizar os ciclos de crescimento das culturas e minimizar as interrupções devidas a fenómenos meteorológicos adversos ou a alterações climáticas.

Eficiência de recursos: A agricultura vertical maximiza a eficiência dos recursos, minimizando o uso de água, reduzindo a pegada de terra e optimizando a utilização de insumos. Os sistemas hidropónicos e aeropónicos recirculam a água e os nutrientes, reduzindo significativamente o consumo de água em comparação com a agricultura tradicional baseada no solo. Além disso, a agricultura vertical requer menos terra do que a agricultura convencional, conservando recursos naturais valiosos e reduzindo a perda de habitat.

Produção local de alimentos: A agricultura urbana aproxima a produção de alimentos dos consumidores, reduzindo a necessidade de transporte e armazenamento a longa distância. Ao cultivar alimentos localmente, as quintas urbanas podem encurtar as cadeias de abastecimento, minimizar os quilómetros percorridos pelos alimentos e garantir que os produtos mais frescos e nutritivos chegam aos consumidores. Isso promove a segurança alimentar, apoia as economias locais e fortalece a resiliência da comunidade.

Sistemas Alimentares Sustentáveis: A agricultura vertical e a agricultura urbana contribuem para o desenvolvimento de sistemas alimentares sustentáveis, promovendo a conservação dos recursos, reduzindo as emissões de gases com efeito de estufa e minimizando a degradação ambiental. Ao produzir alimentos em áreas urbanas, estes métodos reduzem a pegada ambiental associada à agricultura convencional, incluindo a alteração do uso do solo, a desflorestação e o escoamento de produtos químicos.

Inovação e Tecnologia: A agricultura vertical depende da inovação e da tecnologia para otimizar as condições de cultivo, aumentar a produtividade e melhorar a qualidade das colheitas. Os avanços na automação, robótica, inteligência artificial e análise de dados permitem o controlo preciso dos parâmetros ambientais, a monitorização em tempo real da saúde das culturas e a análise preditiva para otimização do rendimento.

Envolvimento da comunidade e educação: Os projectos de agricultura urbana envolvem frequentemente as comunidades através de programas educativos, oportunidades de voluntariado e iniciativas sociais. Ao ligar os residentes urbanos aos alimentos que consomem e aos agricultores que os cultivam, a agricultura urbana promove a literacia alimentar, a consciência ambiental e a capacitação da comunidade.

2.3 Agroecologia e práticas agrícolas regenerativas

A agroecologia e as práticas agrícolas regenerativas são abordagens holísticas da agricultura que dão prioridade à sustentabilidade, à biodiversidade e à saúde dos ecossistemas. Estas práticas visam imitar os ecossistemas naturais, aumentar a fertilidade do solo e promover a resiliência às alterações climáticas, minimizando a dependência de factores de produção externos, como fertilizantes sintéticos e pesticidas. Vamos explorar os princípios-chave e os benefícios da agroecologia e da agricultura regenerativa:

Gestão holística: A agroecologia e a agricultura regenerativa enfatizam a A interconexão dos factores ecológicos, sociais e económicos nos sistemas agrícolas. Os agricultores adoptam uma abordagem holística da gestão das terras, considerando as interações complexas entre a saúde dos solos, a gestão da água, a diversidade das culturas e a conservação da biodiversidade.

Saúde e fertilidade do solo: No centro da agroecologia e da agricultura regenerativa está o foco na construção e manutenção da saúde do solo. Práticas como a cultura de cobertura, a rotação de culturas e a mobilização mínima do solo ajudam a melhorar a estrutura do solo, a melhorar o ciclo de nutrientes e a aumentar o teor de matéria orgânica, conduzindo a solos mais saudáveis e mais produtivos.

Conservação da biodiversidade: Os sistemas agrícolas agroecológicos e regenerativos promovem a biodiversidade através da integração de diversas culturas, árvores e gado nas paisagens agrícolas. Ao fomentar a biodiversidade, os agricultores podem melhorar os serviços dos ecossistemas, como a polinização, o controlo de pragas e a fertilidade do solo, reduzindo a necessidade de insumos externos e aumentando a resistência a pragas e doenças.

Gestão da água: A gestão sustentável da água é uma componente chave da agroecologia e das práticas agrícolas regenerativas. Técnicas como a recolha de águas pluviais, a aragem de contorno e a agrossilvicultura ajudam a conservar a água, a reduzir a erosão e a melhorar a qualidade da água, especialmente em regiões propensas à seca ou à escassez de água.

Agroflorestação e Silvopastorícia: A agroecologia e a agricultura regenerativa promovem a integração de árvores e arbustos nas paisagens agrícolas através de práticas agroflorestais e de silvopastorícia. Estes sistemas proporcionam múltiplos benefícios, incluindo sombra, quebra-ventos, controlo da erosão, sequestro de carbono e fontes adicionais de rendimento através da produção de madeira, fruta e forragem.

Sequestro de carbono e resiliência climática: A agroecologia e a agricultura regenerativa contribuem para a atenuação e adaptação às alterações climáticas através do sequestro de carbono nos solos e na vegetação. Práticas como a agrossilvicultura, as culturas de cobertura e o pastoreio rotativo aumentam o armazenamento de carbono e a matéria orgânica do solo, ajudando a atenuar as emissões de gases com efeito de estufa e a reforçar a resistência a fenómenos meteorológicos extremos.

Capacitação da comunidade e soberania alimentar: A agroecologia e a agricultura regenerativa capacitam os agricultores e as comunidades a assumir o controlo dos seus sistemas alimentares, promovendo a soberania alimentar, a diversidade cultural e a equidade social. Ao dar prioridade ao conhecimento local, às práticas agrícolas tradicionais e às abordagens participativas, estes métodos reforçam a resistência da comunidade e a segurança alimentar.

Viabilidade económica e acesso ao mercado: A agroecologia e as práticas agrícolas regenerativas podem ser economicamente viáveis, proporcionando aos agricultores oportunidades para diversificar os fluxos de rendimento, reduzir os custos dos factores de produção e aceder a nichos de mercado para bens produzidos de forma sustentável. Ao dar ênfase aos canais de comercialização locais e diretos ao consumidor, os agricultores podem captar valor acrescentado e melhorar os meios de subsistência, reforçando simultaneamente a sustentabilidade ambiental.

Capítulo 3: Novos ingredientes e proteínas alternativas

3.1 Substitutos de carne à base de plantas

Os substitutos de carne à base de plantas, também conhecidos como análogos de carne ou carnes à base de plantas, são produtos alimentares inovadores que imitam o sabor, a textura e o aspeto das carnes tradicionais de origem animal, utilizando ingredientes derivados de plantas. Estes produtos estão a ganhar popularidade devido à crescente procura dos consumidores por opções alimentares sustentáveis, éticas e mais saudáveis. Vamos explorar os principais aspectos dos substitutos de carne à base de plantas:

Ingredientes: Os substitutos de carne à base de plantas são normalmente fabricados a partir de uma variedade de ingredientes derivados de plantas, tais como soja, ervilhas, glúten de trigo, cogumelos e leguminosas. Estes ingredientes são processados e combinados para reproduzir o sabor, a textura e a sensação na boca da carne, utilizando frequentemente técnicas como a extrusão, a fermentação e a aromatização.

Fontes de proteína: Os substitutos de carne à base de plantas são ricos em proteínas, com ingredientes como a soja, a proteína de ervilha e o glúten de trigo a servirem como fontes primárias de proteína. Estas proteínas fornecem aminoácidos e nutrientes essenciais, tornando as carnes de origem vegetal nutricionalmente comparáveis às carnes de origem animal.

Textura e sensação na boca: A textura é um aspeto crítico dos substitutos de carne à base de plantas, uma vez que contribui para a experiência alimentar geral e para a aceitação do consumidor. Os cientistas alimentares utilizam várias técnicas de processamento e agentes texturizantes para obter uma textura semelhante à da carne, incluindo a extrusão, a mistura e a moldagem.

Melhoria do sabor: O sabor é outra consideração fundamental nos substitutos de carne à base de plantas, uma vez que os consumidores esperam que os produtos tenham um sabor semelhante ao das carnes tradicionais. Os sabores naturais, as especiarias e as misturas de temperos são utilizados para realçar o sabor e o aroma das carnes à base de plantas, imitando o sabor umami caraterístico da carne.

Benefícios para a saúde: Os substitutos de carne à base de plantas oferecem vários benefícios para a saúde em comparação com as carnes tradicionais de origem animal. Geralmente, têm menos gordura saturada, não têm colesterol e contêm fibras alimentares, vitaminas e minerais que se encontram nos alimentos vegetais. Além disso, as carnes de origem vegetal não contêm hormonas ou antibióticos habitualmente utilizados na agricultura animal.

Sustentabilidade ambiental: Os substitutos de carne à base de plantas são mais sustentáveis do ponto de vista ambiental do que a produção de carne convencional, uma vez que requerem menos recursos naturais e produzem menos emissões de gases com efeito de estufa. Ao reduzir a dependência da agricultura animal, as carnes de origem vegetal ajudam a conservar a terra, a água e a energia, atenuando a degradação ambiental e as alterações climáticas.

Considerações éticas: Os substitutos de carne à base de plantas oferecem uma alternativa livre de crueldade à produção de carne convencional, abordando preocupações éticas relacionadas com o bem-estar animal e o abate. Ao escolher opções à base de plantas, os consumidores podem apoiar escolhas alimentares mais humanas e compassivas que estejam de acordo com os seus valores.

Crescimento e inovação do mercado: O mercado de substitutos de carne à base de plantas está a expandir-se rapidamente, impulsionado pela crescente procura dos consumidores, pelos avanços na tecnologia alimentar e pelos investimentos das empresas alimentares. À medida que as preferências dos consumidores mudam para dietas mais sustentáveis e centradas nas plantas, os fabricantes estão a inovar e a diversificar as suas ofertas de produtos para satisfazer a procura crescente.

3.3 Proteínas de insectos e alimentos à base de algas

As proteínas de insectos e os alimentos à base de algas estão a emergir como alternativas sustentáveis e nutritivas às fontes de proteína tradicionais, oferecendo soluções para os desafios da segurança alimentar, sustentabilidade ambiental e escassez de recursos. Vamos explorar os principais aspectos das proteínas de insectos e dos alimentos à base de algas:

Proteína de inseto:

a. Valor nutricional: Os insectos são ricos em proteínas, aminoácidos essenciais, vitaminas, minerais e gorduras saudáveis, o que os torna uma fonte de alimentação nutritiva.

b. Sustentabilidade ambiental: A criação de insectos requer significativamente menos terra, água e alimentos em comparação com a criação tradicional de gado, e produz menos emissões de gases com efeito de estufa e resíduos.

c. Versatilidade: Os insectos podem ser transformados em vários produtos alimentares, incluindo proteínas em pó, farinhas, snacks e substitutos de carne, proporcionando opções versáteis para aplicações culinárias.

d. Aceitação cultural: Embora o consumo de insectos seja comum em muitas culturas em todo o mundo, está a ganhar força nos mercados ocidentais à medida que os consumidores se tornam mais conscientes dos seus benefícios nutricionais e ambientais.

e. Considerações regulamentares: Os quadros regulamentares que regem a criação de insectos e a produção de alimentos variam de país para país, com algumas regiões a adoptarem os insectos como uma fonte de proteína sustentável e outras a exigirem investigação adicional e aprovação para consumo humano.

Alimentos à base de algas:

a. Valor nutricional: As algas, como as algas marinhas e as microalgas, são alimentos ricos em nutrientes, proteínas, vitaminas, minerais, ácidos gordos ómega 3 e antioxidantes.

b. Sustentabilidade ambiental: O cultivo de algas requer um mínimo de terra, água e recursos, e pode ser cultivado numa variedade de ambientes, incluindo água do mar e águas residuais. As algas também têm o potencial de sequestrar dióxido de carbono e mitigar as alterações climáticas.

c. Propriedades funcionais: Os ingredientes à base de algas, como a spirulina, a chlorella e os extractos de algas marinhas, oferecem propriedades funcionais como espessamento, gelificação e emulsificação, tornando-os ingredientes versáteis para formulações de alimentos e bebidas.

d. Diversidade culinária: Os alimentos à base de algas englobam uma vasta gama de produtos, incluindo snacks de algas, óleo de algas, proteínas à base de algas e alternativas ao marisco à base de plantas, satisfazendo diversas preferências culinárias e necessidades dietéticas.

e. Crescimento do mercado: O mercado dos alimentos à base de algas está a expandir-se rapidamente, impulsionado pela crescente procura dos consumidores de alternativas sustentáveis e à base de plantas aos produtos de origem animal. Os alimentos à base de algas estão a ganhar popularidade nos segmentos de consumidores preocupados com a saúde e com o ambiente.

Capítulo 4: Avanços na transformação e fabrico de alimentos

4.1 Processamento de alta pressão (HPP)

O Processamento a Alta Pressão (HPP) é uma tecnologia inovadora de processamento de alimentos que utiliza uma pressão hidrostática elevada para preservar e prolongar o prazo de validade dos produtos alimentares, mantendo a sua qualidade nutricional, sabor e frescura. Vamos explorar os principais aspectos do Processamento de Alta Pressão:

Mecanismo de conservação: A HPP envolve a sujeição de produtos alimentares embalados a uma pressão hidrostática extremamente elevada, normalmente entre 100 e 600 megapascal (MPa), durante um curto período de tempo, normalmente de alguns minutos a algumas horas. Esta pressão perturba a estrutura celular de microrganismos como bactérias, leveduras e bolores, matando-os efetivamente ou inibindo o seu crescimento sem a necessidade de calor ou conservantes químicos.

Processo não térmico: Ao contrário dos métodos tradicionais de processamento térmico, como a pasteurização ou a esterilização, que utilizam o calor para matar os microorganismos, a HPP é um processo não térmico que preserva os produtos alimentares, mantendo as suas caraterísticas em bruto ou minimamente processadas. Isto ajuda a reter os atributos sensoriais, o valor nutricional e as propriedades funcionais dos alimentos, incluindo vitaminas, enzimas e antioxidantes.

Segurança alimentar: A HPP é um método altamente eficaz para garantir a segurança alimentar e reduzir o risco de doenças de origem alimentar causadas por agentes patogénicos como a Salmonella, a Listeria e a E. coli. Ao inativar microrganismos nocivos, a HPP ajuda a prolongar o prazo de validade de alimentos perecíveis, como carnes, mariscos, produtos lácteos, sumos e refeições prontas a consumir, mantendo a sua segurança e qualidade.

Rótulo limpo: A HPP permite que os fabricantes de alimentos produzam produtos de rótulo limpo com o mínimo ou nenhum conservante, aditivo ou ingrediente químico adicionado. Isto atrai os consumidores que procuram alimentos naturais e minimamente processados com ingredientes simples e reconhecíveis, bem como aqueles com preferências ou restrições alimentares específicas.

Prolongamento do prazo de validade: A HPP prolonga o prazo de validade dos produtos alimentares em várias semanas ou meses, dependendo de factores como o tipo de produto, os materiais de embalagem e as condições de armazenamento. Isto permite períodos mais longos de distribuição e venda a retalho, reduzindo o desperdício e a deterioração dos alimentos e aumentando a disponibilidade do produto e a conveniência do consumidor.

Versatilidade: A HPP pode ser aplicada a uma ampla gama de produtos alimentares, incluindo alimentos líquidos e sólidos, itens frescos ou cozinhados e produtos com texturas e consistências variadas. As aplicações comuns incluem sumos, guacamole, salsa, charcutaria, marisco, comida para bebés e refeições prontas a comer, entre outros.

Crescimento do mercado: O mercado da tecnologia HPP e dos alimentos processados está a registar um rápido crescimento, impulsionado pela crescente procura por parte dos consumidores de alimentos frescos, minimamente processados e convenientes, com um prazo de validade prolongado e maior segurança. Os fabricantes de alimentos estão a investir em equipamento HPP e a expandir as suas carteiras de produtos para satisfazer as preferências dos consumidores e as tendências do mercado em constante evolução.

Considerações regulamentares: A tecnologia HPP é regulamentada por agências de segurança alimentar, como a Food and Drug Administration (FDA) dos EUA e a European Food Safety Authority (EFSA), que estabelecem diretrizes e normas para a sua utilização segura e eficaz no processamento de alimentos. A conformidade com os requisitos regulamentares garante que os alimentos tratados com HPP cumprem rigorosas normas de segurança e qualidade antes de entrarem no mercado.

4.2 Novas técnicas de processamento térmico e não térmico

As novas técnicas de processamento térmico e não térmico estão a revolucionar a indústria alimentar, oferecendo formas inovadoras de preservar os produtos alimentares, mantendo a sua qualidade, segurança e atributos nutricionais. Vamos explorar algumas das técnicas mais promissoras em ambas as categorias:

Novas técnicas de processamento térmico:

a. Aquecimento óhmico: O aquecimento óhmico envolve a passagem de uma corrente eléctrica através dos produtos alimentares, gerando calor a partir do seu interior. Isto resulta num aquecimento rápido e uniforme, reduzindo os tempos de processamento e preservando as qualidades sensoriais e nutricionais dos alimentos.

b. Aquecimento por micro-ondas: O aquecimento por micro-ondas utiliza radiação electromagnética para aquecer os produtos alimentares de forma rápida e eficiente. Este método pode reduzir os tempos de cozedura, melhorar a eficiência energética e minimizar a perda de nutrientes em comparação com os métodos de aquecimento convencionais.

c. Aquecimento por indução: O aquecimento por indução utiliza a indução electromagnética para gerar calor diretamente nos materiais ferromagnéticos, como os utensílios de cozinha de metal. Esta técnica permite um controlo preciso da temperatura e um aquecimento uniforme, tornando-a adequada para cozinhar e processar vários produtos alimentares.

d. Aquecimento por radiofrequência: O aquecimento por radiofrequência aplica ondas electromagnéticas de alta frequência aos produtos alimentares, fazendo com que as moléculas rodem e gerem calor. Este método é particularmente eficaz para aplicações de pasteurização, secagem e cozedura.

e. Aquecimento por infravermelhos: O aquecimento por infravermelhos utiliza radiação infravermelha para aquecer a superfície dos produtos alimentares, resultando num aquecimento rápido e uniforme sem necessidade de pré-aquecimento. Esta técnica é normalmente utilizada para aplicações de cozedura, torrefação e secagem.

Técnicas de processamento não térmico:

a. Campos Eléctricos Pulsados (PEF): Os campos eléctricos pulsados envolvem a aplicação de curtas rajadas de impulsos eléctricos de alta tensão aos produtos alimentares, rompendo as membranas celulares microbianas e inactivando os agentes patogénicos. O tratamento PEF pode prolongar o prazo de validade dos alimentos, preservando as suas qualidades sensoriais e nutricionais.

b. Processamento de alta pressão (HPP): O processamento de alta pressão submete os produtos alimentares a uma pressão hidrostática elevada, que inativa os microrganismos e as enzimas sem necessidade de calor. O HPP preserva a frescura e o valor nutricional dos alimentos, prolongando o seu prazo de validade.

c. Tratamento com luz ultravioleta (UV): O tratamento com luz UV utiliza radiação ultravioleta para matar ou inativar microrganismos na superfície dos produtos alimentares. Este método é eficaz na desinfeção de materiais de embalagem de alimentos e na redução da contaminação microbiana durante o processamento.

d. Tratamento com Plasma Frio: O tratamento por plasma frio envolve a exposição dos produtos alimentares a uma descarga de plasma a baixa temperatura, que gera espécies reactivas de oxigénio e azoto que inactivam os agentes patogénicos e os microrganismos de deterioração. O tratamento por plasma a frio pode melhorar a segurança alimentar e prolongar o prazo de validade sem afetar a qualidade do produto.

e. Impulsos de Luz de Alta Intensidade (HILP): Os impulsos de luz de alta intensidade fornecem curtas rajadas de energia luminosa intensa às superfícies dos alimentos, resultando na inativação microbiana e na descontaminação da superfície. O tratamento HILP é eficaz para prolongar o prazo de validade de frutas, legumes e outros produtos frescos.

Estas novas técnicas de processamento térmico e não térmico oferecem oportunidades interessantes para a indústria alimentar desenvolver produtos alimentares mais seguros, mais saudáveis e mais sustentáveis. Ao tirar partido destas tecnologias inovadoras, os fabricantes de alimentos podem satisfazer a procura dos consumidores por alimentos minimamente processados, com rótulo limpo, com prazo de validade alargado e melhor qualidade. Além disso, estas técnicas podem ajudar a enfrentar desafios globais como as doenças de origem alimentar, o desperdício alimentar e a sustentabilidade ambiental, abrindo caminho para um sistema alimentar mais resistente e eficiente.

4.3 Impressão 3D de alimentos e nutrição personalizada

A impressão 3D de alimentos e a nutrição personalizada são tecnologias de ponta que têm o potencial de revolucionar a forma como produzimos e consumimos alimentos, oferecendo soluções personalizadas para satisfazer as preferências alimentares individuais, as necessidades nutricionais e as preferências de sabor. Vamos explorar os principais aspectos da impressão 3D de alimentos e da nutrição personalizada:

Impressão 3D de alimentos:

a. Produtos alimentares personalizados: A impressão 3D de alimentos permite a criação de produtos alimentares personalizados com formas, texturas e composições precisas. Utilizando software de desenho assistido por computador (CAD) e materiais de qualidade alimentar, podem ser impressos, camada a camada, desenhos complexos de alimentos, permitindo infinitas possibilidades de personalização de alimentos.

b. Novas formas de alimentos: A impressão 3D de alimentos permite a criação de novas formas e estruturas de alimentos que não são possíveis com os métodos tradicionais de processamento de alimentos. Isto inclui padrões, texturas e designs complexos que podem melhorar a experiência sensorial e o atrativo visual dos produtos alimentares.

c. Nutrição personalizada: A impressão 3D de alimentos pode ser utilizada para adaptar os produtos alimentares às preferências alimentares individuais, necessidades nutricionais e objectivos de saúde. Ao incorporar ingredientes e nutrientes específicos nos alimentos impressos, os consumidores podem desfrutar de soluções nutricionais personalizadas que satisfazem os seus requisitos únicos.

d. Inovação e criatividade alimentar: A impressão 3D de alimentos promove a inovação e a criatividade na conceção e produção de alimentos. Os chefes de cozinha, cientistas alimentares e profissionais de culinária podem experimentar novos ingredientes, sabores e combinações para criar pratos e experiências culinárias inovadoras.

e. Produção alimentar sustentável: A impressão 3D de alimentos tem o potencial de melhorar a sustentabilidade da produção alimentar, reduzindo o desperdício de alimentos, optimizando a utilização de ingredientes e minimizando o consumo de energia e recursos. Isto pode ajudar a enfrentar os desafios ambientais associados aos processos convencionais de fabrico de alimentos.

Nutrição personalizada:

a. Recomendações dietéticas individualizadas: A nutrição personalizada utiliza abordagens baseadas em dados, tais como testes genéticos, análise de biomarcadores e avaliações dietéticas, para fornecer recomendações dietéticas personalizadas com base em caraterísticas individuais, preferências e objectivos de saúde.

b. Otimização nutricional: A nutrição personalizada visa otimizar a ingestão e o equilíbrio de nutrientes para apoiar a saúde e o bem-estar geral. Ao considerar factores como a idade, o sexo, o metabolismo, o nível de atividade e o historial médico, os programas de nutrição personalizada podem ajudar os indivíduos a atingir as suas necessidades nutricionais e a prevenir doenças relacionadas com a dieta.

c. Intervenções nutricionais direcionadas: A nutrição personalizada pode ser utilizada para resolver problemas ou condições de saúde específicos através de intervenções dietéticas direcionadas. Isto inclui a gestão de doenças crónicas, como a diabetes, a obesidade e as doenças cardiovasculares, bem como a otimização do desempenho atlético e da recuperação.

d. Tecnologias digitais de saúde: As plataformas de nutrição personalizada e as aplicações móveis utilizam tecnologias de saúde digital, como a inteligência artificial, a aprendizagem automática e a análise de dados, para fornecer conselhos dietéticos personalizados e acompanhar o progresso ao longo do tempo. Isto permite que os indivíduos assumam o controlo da sua saúde e façam escolhas alimentares informadas.

e. Apoio à mudança comportamental: Os programas de nutrição personalizados incluem frequentemente apoio à mudança comportamental e treino para ajudar os indivíduos a adotar e manter hábitos alimentares saudáveis. Isto pode envolver a definição de objectivos, a monitorização do progresso, o fornecimento de feedback e a oferta de apoio motivacional para promover a adesão a longo prazo às recomendações dietéticas.

Capítulo 5: Inovações em embalagens inteligentes e segurança alimentar

5.1 Soluções de embalagem inteligentes

As soluções de embalagem inteligente incorporam tecnologias avançadas para melhorar a funcionalidade, segurança e sustentabilidade dos materiais de embalagem, proporcionando benefícios como a monitorização em tempo real, indicadores de frescura e experiências interactivas para o consumidor. Vamos explorar os principais aspectos das soluções de embalagem inteligente:

Embalagem ativa:

a. Absorventes de oxigénio: Os materiais de embalagem activos incorporam agentes absorventes de oxigénio que absorvem o oxigénio do ambiente circundante, ajudando a prolongar o prazo de validade dos alimentos perecíveis através da redução da oxidação e da deterioração.

b. Absorventes de etileno: Os absorvedores de etileno são utilizados em embalagens de frutas e legumes para remover o gás etileno, que acelera o amadurecimento e a deterioração. Ao controlar os níveis de etileno, estes materiais podem prolongar a frescura e a qualidade dos produtos.

c. Controlo da humidade: As soluções de embalagem ativa regulam os níveis de humidade dentro das embalagens para evitar problemas relacionados com a humidade, como o crescimento de bolor, aglomeração e alterações de textura. Os dessecantes e os materiais de absorção de humidade são normalmente utilizados para este fim.

Etiquetas inteligentes:

a. Indicadores de tempo e temperatura: As etiquetas inteligentes incorporam materiais sensíveis à temperatura que mudam de cor ou apresentam indicadores com base nas flutuações de temperatura durante o armazenamento e o transporte. Isto ajuda a garantir que os produtos perecíveis permanecem dentro de intervalos de temperatura seguros e alerta os consumidores para potenciais problemas de qualidade.

b. Etiquetas RFID e NFC: As etiquetas de identificação por radiofrequência (RFID) e de comunicação de campo próximo (NFC) permitem o seguimento e a localização de produtos ao longo da cadeia de abastecimento, proporcionando visibilidade em tempo real e análise de dados para fins de gestão de inventário, logística e autenticação.

c. Códigos QR e rótulos inteligentes: Os códigos QR e os rótulos inteligentes contêm informações digitais que podem ser digitalizadas ou acedidas através de smartphones, fornecendo aos consumidores informações sobre o produto, detalhes sobre a origem, dados nutricionais e experiências interactivas, como receitas, promoções e programas de fidelização.

Soluções anti-contrafação:

a. Embalagem inviolável: Os selos e fechos invioláveis fornecem indicadores visuais de adulteração ou acesso não autorizado a produtos embalados, aumentando a segurança do consumidor e a confiança na integridade do produto.

b. Tecnologias de autenticação: As soluções de embalagem inteligente incorporam

caraterísticas de autenticação como hologramas, microtexto e identificadores únicos para verificar a autenticidade do produto e combater a contrafação.
c. Tecnologia Blockchain: As plataformas baseadas em cadeias de blocos permitem um rastreio seguro e transparente da proveniência dos produtos, das transacções da cadeia de abastecimento e dos registos de autenticação, melhorando a rastreabilidade e a responsabilização na luta contra os produtos de contrafação.

Melhorias na sustentabilidade:
a. Materiais biodegradáveis e compostáveis: As soluções de embalagem inteligentes utilizam materiais biodegradáveis e compostáveis derivados de fontes renováveis, tais como plásticos à base de plantas e biofilmes, para reduzir o impacto ambiental e promover a circularidade.
b. Reciclabilidade e Conteúdo Reciclado: Os designs inteligentes de embalagens dão prioridade à reciclabilidade e incorporam conteúdo reciclado para minimizar o desperdício e o consumo de recursos ao longo do ciclo de vida do produto.
c. Avaliação do ciclo de vida: As soluções de embalagens inteligentes são submetidas a avaliações do ciclo de vida para avaliar o seu impacto ambiental nas fases de produção, utilização e eliminação, informando as decisões de conceção e as estratégias de otimização para a sustentabilidade.

5.2 Embalagens activas e antimicrobianas

As embalagens activas e antimicrobianas são soluções inovadoras que utilizam substâncias activas para melhorar a funcionalidade e a segurança dos produtos embalados. Estas tecnologias ajudam a prolongar o prazo de validade, a preservar a frescura e a inibir o crescimento microbiano, melhorando assim a qualidade e a segurança dos alimentos. Vamos aprofundar os principais aspectos das embalagens activas e antimicrobianas:

Embalagem ativa:
a. Absorventes de oxigénio: Os absorvedores de oxigénio são componentes activos da embalagem que removem o oxigénio do espaço livre dentro da embalagem, evitando reacções oxidativas que podem levar à deterioração, a sabores estranhos e a alterações de cor nos produtos alimentares.
b. Absorventes de etileno: Os absorvedores de etileno absorvem o gás etileno, uma hormona vegetal natural libertada pelos frutos e legumes durante o amadurecimento. Ao reduzir os níveis de etileno no ambiente da embalagem, estes componentes ajudam a abrandar o processo de amadurecimento e a prolongar o prazo de validade dos produtos frescos.
c. Agentes de controlo da humidade: Os materiais de embalagem activos, como os dessecantes e os absorventes de humidade, ajudam a regular os níveis de humidade dentro da embalagem, evitando problemas relacionados com a humidade, como o crescimento de bolor, a aglomeração e as alterações de textura em produtos alimentares secos e semi-húmidos.

d. Intensificadores de sabor e aroma: Algumas tecnologias de embalagem ativa incorporam compostos de sabor e aroma que se libertam gradualmente no produto embalado, melhorando os seus atributos sensoriais e o apelo do consumidor ao longo do tempo.

Embalagem antimicrobiana:

a. Películas e revestimentos antimicrobianos: Os materiais de embalagem antimicrobianos são concebidos para inibir o crescimento de bactérias, bolores e leveduras na superfície dos produtos embalados. Estes materiais podem conter agentes antimicrobianos, tais como nanopartículas de prata, óleos essenciais ou péptidos antimicrobianos incorporados na matriz da embalagem.

b. Sistemas de libertação controlada: Os sistemas de embalagem antimicrobianos podem incorporar mecanismos de libertação controlada que libertam gradualmente agentes antimicrobianos no ambiente da embalagem, proporcionando uma proteção contínua contra a contaminação microbiana durante o armazenamento e a distribuição.

c. Películas de embalagem activas: As películas de embalagem activas com propriedades antimicrobianas podem ser aplicadas diretamente na superfície dos produtos alimentares ou integradas em materiais de embalagem para criar uma barreira contra o crescimento microbiano e a deterioração.

d. Revestimentos antimicrobianos comestíveis: Os revestimentos comestíveis que contêm compostos antimicrobianos naturais, como o quitosano, extractos de plantas ou ácidos orgânicos, podem ser aplicados à superfície de produtos frescos para prolongar o prazo de validade e reduzir a contaminação microbiana durante a armazenagem e o transporte.

Benefícios e aplicações:

a. Prazo de validade alargado: As tecnologias de embalagem activas e antimicrobianas ajudam a prolongar o prazo de validade dos produtos alimentares perecíveis, inibindo o crescimento microbiano, as reacções oxidativas e outros factores que contribuem para a deterioração e a deterioração.

b. Melhoria da segurança alimentar: Ao reduzir a contaminação microbiana e ao manter a qualidade do produto, as soluções de embalagem activas e antimicrobianas aumentam a segurança alimentar e reduzem o risco de doenças de origem alimentar associadas a microrganismos patogénicos.

c. Preservação da frescura: Estas tecnologias ajudam a preservar a frescura, o sabor, a textura e o valor nutricional dos alimentos embalados, garantindo que os consumidores recebem produtos de alta qualidade com uma frescura mais duradoura.

d. Sustentabilidade ambiental: As soluções de embalagem activas e antimicrobianas podem contribuir para reduzir o desperdício alimentar, prolongando o prazo de validade dos produtos perecíveis, reduzindo assim a necessidade de eliminação prematura e minimizando o impacto ambiental.

5.3 Tecnologia de cadeia de blocos para a transparência da cadeia de abastecimento

A tecnologia blockchain oferece oportunidades sem precedentes para aumentar a transparência, a rastreabilidade e a confiança nas cadeias de suprimentos em vários setores, incluindo alimentos e agricultura. Ao utilizar registos descentralizados e imutáveis, a cadeia de blocos permite a manutenção de registos seguros e transparentes de transacções, dados e eventos ao longo da cadeia de fornecimento, desde a produção ao consumo. Vamos explorar os principais aspectos da tecnologia blockchain para a transparência da cadeia de suprimentos:

Manutenção de registos imutáveis: A tecnologia Blockchain cria um registo imutável de transacções e trocas de dados, que são ligados criptograficamente e armazenados numa rede distribuída de computadores (nós). Uma vez registados, os dados na cadeia de blocos não podem ser alterados ou eliminados, garantindo a integridade e a auditabilidade dos dados.

Transparente e descentralizado: A Blockchain opera numa rede descentralizada onde várias partes (nós) validam e registam transacções em consenso. Essa natureza transparente e distribuída do blockchain permite visibilidade em tempo real e acesso aos dados da cadeia de suprimentos para todos os participantes autorizados, promovendo a confiança e a colaboração entre as partes interessadas.

Rastreabilidade e proveniência: A Blockchain facilita a rastreabilidade de ponta a ponta e o acompanhamento da proveniência, registando todas as transacções e movimentos de bens ao longo da cadeia de abastecimento. Desde o fornecimento de matérias-primas até ao fabrico, distribuição e venda a retalho, cada passo é documentado na cadeia de blocos, permitindo que as partes interessadas verifiquem a origem, autenticidade e percurso dos produtos.

Segurança alimentar e garantia de qualidade: A tecnologia Blockchain pode melhorar a segurança alimentar e a garantia de qualidade, permitindo a identificação rápida e precisa de surtos de contaminação, retiradas de produtos e problemas de qualidade. Ao fornecer acesso em tempo real aos dados da cadeia de abastecimento, a cadeia de blocos ajuda as partes interessadas a identificar a origem dos problemas e a tomar medidas corretivas atempadas para proteger a saúde pública e garantir a integridade dos produtos.

Conformidade e relatórios regulamentares: A Blockchain simplifica a gestão da conformidade e a elaboração de relatórios regulamentares, automatizando os processos de documentação, verificação e elaboração de relatórios. Os contratos inteligentes, acordos auto-executáveis codificados na cadeia de blocos, podem impor a conformidade com regras e regulamentos predefinidos, reduzindo os encargos administrativos e minimizando o risco de não conformidade.

Eficiência e otimização da cadeia de suprimentos: A Blockchain simplifica as operações da cadeia de fornecimento através da digitalização e automatização de processos manuais, reduzindo a burocracia, os atrasos e os erros associados aos sistemas tradicionais de manutenção de registos. Ao permitir a partilha de dados sem falhas e a interoperabilidade entre os parceiros da cadeia de abastecimento, a cadeia de blocos aumenta a eficiência, a visibilidade e a capacidade de resposta à dinâmica do mercado.

Envolvimento e confiança do consumidor: O Blockchain aumenta o envolvimento e a confiança do consumidor, fornecendo informações transparentes e verificáveis sobre a origem dos produtos, ingredientes, métodos de produção e práticas de sustentabilidade. Através de plataformas e aplicações com blockchain, os consumidores podem aceder a dados detalhados da cadeia de fornecimento, certificações de produtos e avaliações de utilizadores, o que lhes permite tomar decisões de compra informadas e apoiar marcas responsáveis.

Projectos-piloto e adoção pela indústria: Numerosos projectos-piloto e iniciativas estão a explorar o potencial da tecnologia blockchain para melhorar a transparência e a sustentabilidade da cadeia de abastecimento no sector alimentar e agrícola. Grandes empresas, consórcios da indústria e agências governamentais estão a colaborar para desenvolver soluções baseadas em blockchain para enfrentar desafios específicos, como fraude alimentar, produtos falsificados e exploração laboral.

Capítulo 6: Alimentos funcionais e nutracêuticos

6.1 Alimentos enriquecidos e fortificados

Os alimentos fortificados e enriquecidos são produtos que foram suplementados com nutrientes adicionais para aumentar o seu valor nutricional e resolver deficiências dietéticas específicas ou preocupações de saúde. Estes alimentos desempenham um papel crucial na melhoria da saúde pública, fornecendo vitaminas essenciais, minerais e outros nutrientes que podem estar em falta na dieta. Vamos aprofundar os principais aspectos dos alimentos fortificados e enriquecidos:

Objetivo e benefícios:

a. Suprir as carências de nutrientes: Os alimentos fortificados e enriquecidos são concebidos para suprir carências específicas de nutrientes que podem ocorrer devido a uma ingestão dietética inadequada, má absorção ou necessidades acrescidas de nutrientes. Os nutrientes mais comuns adicionados aos alimentos fortificados incluem vitaminas (por exemplo, vitamina D, vitamina B12, ácido fólico) e minerais (por exemplo, ferro, cálcio, zinco).

b. Melhoria da saúde pública: Os programas de fortificação e enriquecimento têm sido implementados em todo o mundo para combater as deficiências generalizadas de nutrientes e prevenir problemas de saúde relacionados, tais como anemia, defeitos do tubo neural, osteoporose e defeitos congénitos. Ao aumentar o acesso a nutrientes essenciais, os alimentos fortificados contribuem para uma melhor saúde e bem-estar geral.

c. Cumprir as recomendações dietéticas: Os alimentos fortificados e enriquecidos ajudam os indivíduos a satisfazer as suas necessidades diárias de nutrientes, especialmente em populações com acesso limitado a alimentos diversificados e nutritivos. Estes produtos proporcionam uma forma cómoda e acessível de obter nutrientes essenciais, especialmente para grupos vulneráveis como crianças, mulheres grávidas e idosos.

Estratégias de fortificação e enriquecimento:

a. Fortificação obrigatória: Alguns países têm programas de fortificação obrigatória que requerem a adição de nutrientes específicos a alimentos básicos como a farinha, o arroz, o sal e o óleo alimentar, para combater as deficiências nutricionais generalizadas na população.

b. Fortificação voluntária: A fortificação voluntária permite que os fabricantes de alimentos adicionem nutrientes a uma vasta gama de alimentos, incluindo cereais de pequeno-almoço, bebidas, produtos lácteos e snacks, para melhorar o seu conteúdo nutricional e apelo no mercado.

c. Fortificação direcionada: A fortificação direcionada envolve a adição de nutrientes a produtos ou categorias alimentares específicas para responder às necessidades nutricionais de grupos populacionais específicos ou para responder a preocupações de saúde específicas. Por exemplo, o sumo de laranja fortificado com cálcio pode ser direcionado para indivíduos com risco de osteoporose ou fracturas ósseas.

d. Enriquecimento: O enriquecimento refere-se à adição de nutrientes aos alimentos que foram perdidos ou removidos durante o processamento. Por exemplo, os cereais refinados são frequentemente enriquecidos com vitaminas e minerais como o ferro, a tiamina, a riboflavina, a niacina e o ácido fólico para restaurar o seu valor nutricional.

Categorias de alimentos e exemplos:
a. Produtos lácteos: Os produtos lácteos fortificados, como o leite, o iogurte e o queijo, são normalmente enriquecidos com vitaminas D e A, cálcio e outros nutrientes essenciais para apoiar a saúde óssea e a nutrição geral.
b. Cereais de pequeno-almoço: Os cereais de pequeno-almoço fortificados são uma fonte popular de vitaminas e minerais, incluindo ferro, ácido fólico, vitamina B12 e zinco, que são adicionados para melhorar o seu perfil nutricional e cumprir as recomendações dietéticas.
c. Alternativas à base de plantas: As alternativas fortificadas de origem vegetal aos produtos lácteos, como o leite de soja, o leite de amêndoa e o leite de aveia, são enriquecidas com cálcio, vitamina D e vitamina B12 para proporcionar benefícios nutricionais semelhantes aos do leite.
d. Produtos à base de cereais: Os produtos de cereais enriquecidos, como o pão, a massa e o arroz, são enriquecidos com vitaminas e minerais para substituir os nutrientes perdidos durante a transformação e promover a saúde em geral.

Regulamentação e controlo:
a. Autoridades de segurança alimentar: As agências reguladoras, como a Food and Drug Administration (FDA) nos Estados Unidos e a European Food Safety Authority (EFSA) na União Europeia, supervisionam a fortificação e o enriquecimento de alimentos para garantir a segurança, a eficácia e a conformidade com as normas e diretrizes estabelecidas.
b. Limites e Requisitos de Nutrientes: As agências reguladoras estabelecem limites e requisitos de nutrientes para a fortificação e o enriquecimento para evitar a ingestão excessiva de determinados nutrientes e minimizar o risco de efeitos adversos. Estes regulamentos ajudam a garantir que os alimentos fortificados são seguros e benéficos para os consumidores.

6.2 Probióticos e prebióticos

Os probióticos e prebióticos são componentes essenciais de uma dieta saudável que apoiam a saúde intestinal e promovem o bem-estar geral. Embora desempenhem papéis distintos no sistema digestivo, trabalham em sinergia para manter um microbioma intestinal equilibrado e próspero. Vamos explorar os principais aspectos dos probióticos e prebióticos:

Probióticos:
a. Definição: Os probióticos são microrganismos vivos, principalmente bactérias benéficas como as estirpes de Lactobacillus e Bifidobacterium, que conferem benefícios para a saúde quando consumidos em quantidades adequadas. Colonizam o intestino e

ajudam a restaurar o equilíbrio microbiano, apoiando a digestão, a imunidade e a saúde em geral.
b. Fontes: Os probióticos encontram-se em alimentos fermentados como o iogurte, o kefir, o chucrute, o kimchi, o miso e a kombucha, bem como em suplementos alimentares. Estes produtos contêm elevadas concentrações de bactérias probióticas vivas que podem reconstituir e diversificar a microbiota intestinal.
c. Benefícios para a saúde: Os probióticos promovem a saúde intestinal, melhorando a digestão, a absorção de nutrientes e a regularidade intestinal. Também apoiam a função imunitária, modulando as respostas imunitárias e reduzindo a inflamação no intestino. Além disso, os probióticos podem ter efeitos terapêuticos específicos, como o alívio de distúrbios gastrointestinais, como a síndrome do intestino irritável (SII), a doença inflamatória intestinal (DII) e a diarreia associada a antibióticos.

d. Mecanismos de ação: Os probióticos exercem os seus efeitos benéficos através de vários mecanismos, incluindo a exclusão competitiva de bactérias patogénicas, a produção de compostos antimicrobianos, a modulação da permeabilidade intestinal e a síntese de ácidos gordos de cadeia curta (SCFAs) que nutrem as células do cólon e promovem a saúde intestinal.

Prebióticos:
a. Definição: Os prebióticos são fibras alimentares não digeríveis, principalmente oligossacáridos como a inulina, os frutooligossacáridos (FOS) e os galactooligossacáridos (GOS), que estimulam seletivamente o crescimento e a atividade das bactérias benéficas no intestino. Servem de combustível para as bactérias probióticas, promovendo a sua proliferação e atividade metabólica.
b. Fontes: Os prebióticos estão naturalmente presentes em determinados alimentos de origem vegetal, como a raiz de chicória, a alcachofra de Jerusalém, o alho, a cebola, o alho francês, a banana, os espargos e os cereais integrais. Estes alimentos contêm fibras solúveis que resistem à digestão no trato gastrointestinal superior e chegam intactas ao cólon, onde servem de substrato para as bactérias benéficas.
c. Benefícios para a saúde: Os prebióticos apoiam a saúde intestinal, nutrindo as bactérias probióticas e promovendo a diversidade e o equilíbrio microbiano. Também melhoram a função digestiva, regulam os movimentos intestinais e melhoram a absorção de nutrientes. Além disso, os prebióticos podem exercer efeitos sistémicos, modulando as respostas imunitárias, reduzindo a inflamação e diminuindo o risco de doenças crónicas como a obesidade, a diabetes de tipo 2 e as doenças cardiovasculares.
d. Mecanismos de ação: Os prebióticos estimulam seletivamente o crescimento e a atividade de bactérias benéficas, como as Bifidobactérias e os Lactobacilos, no cólon. Fermentam no intestino para produzir SCFAs, particularmente butirato, que serve como fonte de energia para as células do cólon, mantém a função de barreira intestinal e apresenta propriedades anti-inflamatórias e anti-cancerígenas.

Efeitos sinérgicos:
a. Os probióticos e os prebióticos funcionam em sinergia para promover a saúde intestinal e otimizar a composição e a função da microbiota intestinal. Quando

consumidos em conjunto, reforçam os efeitos benéficos uns dos outros e fornecem um apoio abrangente à saúde digestiva e imunitária.

b. Sinbióticos: Os produtos que combinam probióticos e prebióticos são conhecidos como simbióticos. As formulações sinbióticas têm como objetivo fornecer bactérias probióticas juntamente com os seus substratos prebióticos preferidos, maximizando a sua sobrevivência, colonização e atividade no intestino. Esta abordagem sinérgica pode aumentar a eficácia dos suplementos probióticos e melhorar os seus benefícios para a saúde.

6.3 Genómica nutricional e dietas personalizadas

A genómica nutricional, também conhecida como nutrigenómica, é um campo em rápida evolução que explora a interação entre genes, dieta e resultados de saúde. Ao examinar a forma como as variações genéticas individuais influenciam as respostas aos nutrientes e aos padrões alimentares, a genómica nutricional procura personalizar as recomendações alimentares e otimizar os resultados em termos de saúde. Vamos aprofundar os principais aspectos da genómica nutricional e das dietas personalizadas:

Variação genética e metabolismo dos nutrientes:

a. Polimorfismos genéticos: Os polimorfismos genéticos são variações nas sequências de ADN que afectam a função e a expressão dos genes envolvidos no metabolismo, absorção e utilização dos nutrientes. Estas variações podem influenciar as respostas individuais a factores alimentares e predispor os indivíduos a determinadas deficiências de nutrientes ou perturbações metabólicas.

b. Interações entre nutrientes e genes: A genómica nutricional investiga a forma como nutrientes específicos e componentes da alimentação interagem com variantes genéticas para modular as vias metabólicas, a atividade enzimática, a sinalização hormonal e a expressão genética. Estas interações podem ter impacto nas necessidades de nutrientes, nas respostas metabólicas e nos perfis de risco de doença em diversas populações.

Nutrição personalizada e recomendações dietéticas:

a. Nutrição de precisão: A genómica nutricional permite o desenvolvimento de recomendações dietéticas personalizadas, adaptadas ao perfil genético, estado de saúde, factores de estilo de vida e preferências dietéticas únicos de cada indivíduo. Ao analisar os dados genéticos e os biomarcadores, os nutricionistas e os prestadores de cuidados de saúde podem identificar estratégias dietéticas personalizadas para otimizar a ingestão de nutrientes, apoiar a saúde metabólica e prevenir doenças relacionadas com a alimentação.

b. Intervenções direcionadas: As dietas personalizadas podem envolver intervenções direcionadas que abordam susceptibilidades genéticas específicas, deficiências nutricionais ou desequilíbrios metabólicos identificados através de testes genéticos e avaliação nutricional. Estas intervenções podem incluir a modificação dos rácios de macronutrientes, a seleção de alimentos ricos em nutrientes, a prevenção de alergénios ou intolerâncias e a incorporação de alimentos funcionais ou suplementos dietéticos.

c. Prevenção e gestão de doenças: As abordagens nutricionais personalizadas podem ajudar a prevenir e gerir doenças crónicas, optimizando os padrões alimentares e a ingestão de nutrientes com base em predisposições genéticas individuais e factores de risco. Por exemplo, os indivíduos com variantes genéticas associadas a um risco acrescido de doenças cardiovasculares podem beneficiar de intervenções alimentares centradas na redução das gorduras saturadas, do sódio e dos hidratos de carbono refinados, aumentando simultaneamente a ingestão de gorduras saudáveis para o coração, fibras e antioxidantes.

d. Integração do estilo de vida: As dietas personalizadas têm em conta factores de estilo de vida individuais, tais como níveis de atividade física, padrões de sono, gestão do stress e exposições ambientais, que podem influenciar as necessidades de nutrientes, o equilíbrio energético e a saúde metabólica. A integração de recomendações nutricionais personalizadas com modificações no estilo de vida aumenta a sua eficácia e sustentabilidade na promoção da saúde e do bem-estar a longo prazo.

Tecnologias e ferramentas emergentes:

a. Testes genéticos: Os avanços nas tecnologias de sequenciação de ADN e bioinformática tornaram os testes genéticos mais acessíveis e económicos, permitindo aos indivíduos obter informações genéticas personalizadas relacionadas com a nutrição, a saúde e a ascendência. Os serviços de testes genéticos diretos ao consumidor oferecem informações sobre predisposições genéticas, sensibilidades alimentares e recomendações nutricionais personalizadas com base em perfis genéticos individuais.

b. Plataformas de Nutrigenómica: As plataformas de nutrigenómica e as aplicações digitais de saúde utilizam dados genéticos, avaliações dietéticas e métricas de saúde para fornecer orientações nutricionais personalizadas, planos de refeições, receitas e recomendações de estilo de vida adaptadas às necessidades e objectivos individuais. Estas plataformas permitem que os consumidores façam escolhas alimentares informadas e acompanhem o seu progresso em direção a resultados de saúde ideais.

Considerações éticas e de privacidade:

a. Consentimento informado: As considerações éticas na genómica nutricional incluem o consentimento informado, a proteção da privacidade e a utilização responsável da informação genética. Os indivíduos devem ser informados sobre os benefícios, limitações e riscos potenciais dos testes genéticos e das intervenções nutricionais personalizadas, e os seus direitos de privacidade devem ser salvaguardados durante todo o processo.

b. Aconselhamento genético: Os serviços de aconselhamento genético fornecem apoio e orientação a indivíduos submetidos a testes genéticos, ajudando-os a interpretar os seus resultados, a compreender as suas implicações e a tomar decisões informadas sobre a sua saúde e escolhas de estilo de vida. Os conselheiros genéticos desempenham um papel crucial na facilitação do consentimento informado, na abordagem de preocupações éticas e na promoção de práticas éticas na genómica nutricional.

Capítulo 7: Digitalização e IA na indústria alimentar

7.1 Análise de dados para otimização da cadeia de abastecimento

A análise de dados desempenha um papel fundamental na otimização da cadeia de abastecimento, fornecendo informações, identificando padrões e facilitando a tomada de decisões com base em dados em várias fases da cadeia de abastecimento. Ao tirar partido de técnicas e tecnologias analíticas avançadas, as organizações podem melhorar a eficiência, reduzir os custos, aumentar a visibilidade e reduzir os riscos nas suas operações da cadeia de abastecimento. Vamos explorar os principais aspectos da análise de dados para a otimização da cadeia de abastecimento:

Recolha e integração de dados:
a. Fontes de dados: A análise de dados começa com a recolha de diversas fontes de dados de sistemas internos (por exemplo, planeamento de recursos empresariais [ERP], sistemas de gestão de armazéns [WMS], sistemas de gestão de transportes [TMS]) e fontes externas (por exemplo, fornecedores, distribuidores, clientes, dados de mercado, sensores IoT, previsões meteorológicas).
b. Integração de dados: Os dados de fontes díspares são integrados e harmonizados para criar um repositório de dados unificado ou um lago de dados. A integração garante a consistência, a precisão e a acessibilidade dos dados, permitindo que os analistas realizem análises abrangentes e extraiam insights acionáveis dos dados.

Análise descritiva:
a. Visualização de dados: A análise descritiva envolve a visualização de dados da cadeia de abastecimento através de painéis, relatórios e visualizações interactivas para obter uma visão holística do desempenho da cadeia de abastecimento, operações e indicadores-chave de desempenho (KPIs).
b. Monitorização do desempenho: A análise descritiva permite que as organizações monitorizem e acompanhem as métricas de desempenho da cadeia de fornecimento, tais como níveis de inventário, taxas de cumprimento de encomendas, prazos de entrega, entregas atempadas e custos de transporte em tempo real ou quase em tempo real.
c. Análise da causa principal: A análise descritiva ajuda a identificar as causas principais das ineficiências, atrasos, estrangulamentos e interrupções da cadeia de fornecimento, analisando dados históricos e identificando padrões ou tendências que contribuem para problemas de desempenho.

Análise preditiva:
a. Previsão da procura: A análise preditiva utiliza modelos estatísticos, algoritmos de aprendizagem automática e dados históricos para prever com precisão a procura futura de produtos e serviços. As previsões da procura ajudam a otimizar a gestão do inventário, o planeamento da produção e as estratégias de distribuição para satisfazer a procura dos clientes, minimizando as rupturas de stock e o excesso de inventário.
b. Gestão de riscos da cadeia de abastecimento: A análise preditiva permite às organizações avaliar e mitigar os riscos da cadeia de abastecimento, identificando

potenciais perturbações, vulnerabilidades e eventos que possam afetar as operações. Ao analisar dados históricos, tendências de mercado e factores externos, as organizações podem gerir proactivamente os riscos e desenvolver planos de contingência para garantir a continuidade do negócio.

c. Análise do desempenho do fornecedor: A análise preditiva ajuda a avaliar o desempenho, a fiabilidade e a capacidade de resposta do fornecedor, analisando os dados do fornecedor, o desempenho da entrega, as métricas de qualidade e outros indicadores-chave. Ao identificar fornecedores com elevado desempenho e potenciais estrangulamentos na cadeia de fornecimento, as organizações podem otimizar as relações com os fornecedores e melhorar a resiliência da cadeia de fornecimento.

Análise prescritiva:

a. Modelação de otimização: A análise prescritiva utiliza modelos de otimização, técnicas de simulação e algoritmos matemáticos para identificar soluções óptimas e recomendar estratégias acionáveis para a otimização da cadeia de fornecimento. Isto inclui a otimização dos níveis de inventário, horários de produção, rotas de transporte e redes de distribuição para minimizar os custos, melhorar a eficiência e maximizar os níveis de serviço.

b. Análise de cenários: A análise prescritiva permite que as organizações realizem análises de cenários e simulações "what-if[11] para avaliar o impacto potencial de diferentes estratégias da cadeia de fornecimento, interrupções e condições de mercado. Ao simular vários cenários e avaliar os seus resultados, as organizações podem tomar decisões informadas e desenvolver planos de contingência robustos para mitigar os riscos e capitalizar as oportunidades.

c. Sistemas de apoio à decisão: A análise prescritiva fornece sistemas de apoio à decisão (DSS) que oferecem informações acionáveis, recomendações e ferramentas de apoio à decisão aos gestores da cadeia de abastecimento e às partes interessadas. Os DSS ajudam a simplificar os processos de tomada de decisão, optimizam a atribuição de recursos e melhoram a colaboração em todo o ecossistema da cadeia de abastecimento.

Melhoria e otimização contínuas:

a. Monitorização do desempenho e feedback: A análise de dados permite a monitorização contínua do desempenho da cadeia de abastecimento e circuitos de feedback para identificar oportunidades de melhoria, aperfeiçoar estratégias e ajustar operações em tempo real. Ao analisar as métricas de desempenho e os indicadores-chave, as organizações podem acompanhar o progresso em direção aos objectivos, identificar áreas de ineficiência e implementar acções corretivas para otimizar as operações da cadeia de fornecimento.

b. Aprendizagem e adaptação contínuas: A análise de dados promove uma cultura de aprendizagem e adaptação contínuas nas organizações, fornecendo informações sobre a dinâmica da cadeia de fornecimento, as tendências do mercado, as preferências dos clientes e as pressões da concorrência. Ao tirar partido das informações baseadas em dados, as organizações podem adaptar-se às condições de mercado em mudança, às exigências dos clientes e às tendências da indústria, impulsionando a inovação e a vantagem competitiva no mercado.

c. Cadeias de fornecimento ágeis e com capacidade de resposta: A análise de dados permite que as organizações criem cadeias de abastecimento ágeis e reactivas que se adaptem rapidamente a perturbações, flutuações do mercado e mudanças nas necessidades dos clientes. Ao aproveitar os dados em tempo real, a análise preditiva e os conhecimentos prescritivos, as organizações podem antecipar mudanças, tomar decisões informadas e ajustar rapidamente as estratégias da cadeia de abastecimento para manter a resiliência e a competitividade em ambientes empresariais dinâmicos.

7.2 Desenvolvimento de receitas com base em IA

O desenvolvimento de receitas com base em IA está a revolucionar a indústria culinária, tirando partido de algoritmos avançados, técnicas de aprendizagem automática e análise de grandes volumes de dados para criar receitas inovadoras, personalizadas e optimizadas. Ao analisar grandes quantidades de dados relacionados com alimentos, incluindo combinações de ingredientes, perfis de sabor, informações nutricionais, técnicas de confeção e preferências do utilizador, os algoritmos de IA podem gerar receitas que satisfazem necessidades dietéticas específicas, preferências de sabor e preferências culturais. Vamos explorar os principais aspectos do desenvolvimento de receitas com IA:

Recolha e análise de dados:

a. Bases de dados de ingredientes: O desenvolvimento de receitas com base em IA assenta em bases de dados de ingredientes abrangentes que contêm informações sobre vários ingredientes, incluindo o seu conteúdo nutricional, perfis de sabor, propriedades culinárias e compatibilidade com outros ingredientes.

b. Repositórios de receitas: Grandes repositórios de receitas de diversas cozinhas e fontes fornecem dados valiosos para treinar algoritmos de IA para compreender combinações de ingredientes, técnicas de cozinha, combinações de sabores e tradições culinárias culturais.

c. Preferências do utilizador: Os algoritmos de IA podem analisar dados gerados pelo utilizador, como classificações de receitas, críticas e interações do utilizador em plataformas relacionadas com alimentos, para compreender as preferências de gosto individuais, restrições alimentares e hábitos de cozinha.

Modelos de aprendizagem automática:

a. Geração de receitas: Os modelos de aprendizagem automática, incluindo os algoritmos de processamento de linguagem natural (PNL) e os modelos generativos, como as redes neuronais recorrentes (RNN) e os modelos transformadores, podem gerar novas receitas com base em padrões e relações aprendidos nos dados.

b. Perfil de sabor: Os algoritmos de IA podem analisar os perfis de sabor dos ingredientes e das receitas utilizando dados sensoriais, composições químicas e conhecimentos especializados para criar combinações de sabor harmoniosas e receitas

equilibradas.
c. Otimização nutricional: Os algoritmos de aprendizagem automática podem otimizar as receitas para satisfazer critérios nutricionais específicos, tais como contagens de calorias, rácios de macronutrientes e níveis de micronutrientes, assegurando simultaneamente o sabor, a textura e a palatabilidade.

Personalização e customização:
a. Restrições alimentares: O desenvolvimento de receitas com recurso a IA pode acomodar várias restrições alimentares, alergias e intolerâncias, recomendando substituições de ingredientes, métodos de cozedura alternativos e variações de receitas personalizadas.
b. Preferências culturais: Os algoritmos de IA podem gerar receitas que reflictam as tradições culinárias culturais, as cozinhas regionais e os sabores étnicos, analisando as preferências alimentares culturais, a disponibilidade de ingredientes e as técnicas de confeção.
c. Perfis de gostos individuais: Os algoritmos de IA podem personalizar receitas com base nas preferências de gosto individuais, estilos de cozinha e perfis de sabor, analisando os dados, o feedback e as interações do utilizador para recomendar variações de receitas personalizadas.

Inovação e criatividade:
a. Novas combinações de ingredientes: O desenvolvimento de receitas com base em IA pode gerar receitas inovadoras, sugerindo novas combinações de ingredientes, combinações não convencionais e perfis de sabores criativos com base em informações baseadas em dados e conhecimentos culinários.
b. Cozinha de fusão: Os algoritmos de IA podem combinar elementos de diferentes cozinhas, tradições culinárias e influências culturais para criar receitas de fusão que misturam sabores, ingredientes e técnicas de cozedura de diversas origens culinárias.
c. Cozinha experimental: O desenvolvimento de receitas com recurso a IA incentiva a experimentação e a exploração na cozinha, gerando receitas não convencionais, combinações de sabores inesperadas e criações culinárias de vanguarda que ultrapassam os limites da cozinha tradicional.

Ciclo de feedback e melhoria iterativa:
a. Feedback do utilizador: As plataformas de receitas baseadas em IA podem recolher feedback, classificações e críticas dos utilizadores para avaliar o desempenho das receitas, identificar áreas a melhorar e aperfeiçoar as recomendações de receitas ao longo do tempo.
b. Aprendizagem contínua: Os algoritmos de IA podem aprender com as interações dos utilizadores, os resultados da cozedura e as modificações das receitas para adaptar e melhorar as recomendações de receitas com base nas preferências, no feedback e nas experiências de cozedura dos utilizadores.
c. Otimização iterativa: O desenvolvimento de receitas com recurso a IA é um processo iterativo que envolve o refinamento, a otimização e a adaptação contínuos com base em dados de utilização do mundo real, feedback dos utilizadores e tendências culinárias em

evolução.

7.3 Aparelhos de cozinha inteligentes e plataformas de entrega de alimentos

Os aparelhos de cozinha inteligentes e as plataformas de entrega de alimentos estão a transformar a forma como preparamos refeições, fazemos compras e desfrutamos de experiências gastronómicas. Ao integrarem tecnologia de ponta, conetividade e funcionalidades de conveniência, estas inovações aumentam a eficiência, a conveniência e a personalização na cozinha e não só. Vamos explorar os principais aspectos dos aparelhos de cozinha inteligentes e das plataformas de entrega de alimentos:

Electrodomésticos de cozinha inteligentes:

a. Conectividade e integração da IoT: Os aparelhos de cozinha inteligentes estão equipados com conetividade à Internet e tecnologia IoT (Internet das Coisas), permitindo a monitorização, o controlo e a automatização remotos através de smartphones, tablets ou assistentes de voz. Os utilizadores podem pré-aquecer os fornos, ajustar as definições de cozedura e receber alertas ou notificações à distância.

b. Assistentes activados por voz: Os electrodomésticos de cozinha inteligentes suportam frequentemente assistentes activados por voz, como o Amazon Alexa, o Google Assistant ou o Apple Siri, permitindo aos utilizadores emitir comandos de voz, definir temporizadores e aceder a instruções de receitas com as mãos livres.

c. Câmaras e sensores incorporados: Alguns electrodomésticos de cozinha inteligentes incluem câmaras e sensores incorporados que fornecem monitorização em tempo real, reconhecimento de alimentos e actualizações do progresso da cozedura.

Estas caraterísticas ajudam os utilizadores a monitorizar os processos de cozedura, a ajustar as definições e a garantir resultados de cozedura óptimos.

d. Recomendações de receitas e cozedura guiada: Os aparelhos de cozinha inteligentes podem oferecer recomendações de receitas personalizadas, instruções de cozedura passo a passo e programas de cozedura guiada adaptados às preferências, restrições alimentares e níveis de competência dos utilizadores.

e. Eficiência energética e sustentabilidade: Os electrodomésticos de cozinha inteligentes incorporam frequentemente caraterísticas de eficiência energética, materiais amigos do ambiente e tecnologias avançadas para reduzir o consumo de energia, minimizar os resíduos e promover práticas de vida sustentáveis na cozinha.

Plataformas de entrega de comida:

a. Serviços de entrega a pedido: As plataformas de entrega de alimentos ligam os consumidores a uma vasta gama de restaurantes, cafés e vendedores de alimentos, oferecendo a entrega a pedido de refeições acabadas de preparar, mercearias e produtos alimentares especializados à sua porta.

b. Conveniência e personalização: As plataformas de entrega de alimentos oferecem opções de encomenda convenientes, menus personalizáveis e horários de entrega flexíveis, permitindo aos utilizadores adaptar as suas experiências gastronómicas às suas preferências, necessidades dietéticas e requisitos de estilo de vida.

c. Opções de cozinha diversificadas: As plataformas de entrega de alimentos oferecem uma seleção diversificada de cozinhas, sabores e opções de refeições de restaurantes locais, restaurantes internacionais e fornecedores de especialidades alimentares, satisfazendo diversos gostos e preferências culinárias.

d. Entrega sem contacto e medidas de segurança: Em resposta à pandemia de COVID-19, as plataformas de entrega de alimentos implementaram opções de entrega sem contacto, protocolos de higiene e medidas de segurança para garantir a saúde e a segurança dos clientes, dos motoristas de entrega e do pessoal dos restaurantes.

e. Serviços de subscrição e kits de refeições: Algumas plataformas de entrega de alimentos oferecem serviços de assinatura e opções de entrega de kits de refeições, fornecendo aos utilizadores ingredientes pré-dosados, cartões de receitas e instruções de cozinha para preparar convenientemente as refeições em casa.

f. Análise de dados e personalização: As plataformas de entrega de comida tiram partido da análise de dados, da aprendizagem automática e dos conhecimentos dos clientes para personalizar as recomendações, antecipar as preferências dos utilizadores e melhorar a experiência gastronómica geral dos utilizadores.

Integração e conetividade dos ecossistemas:

a. Integração perfeita: Os aparelhos de cozinha inteligentes e as plataformas de entrega de alimentos podem ser perfeitamente integrados e interligados para proporcionar uma experiência de utilizador coesa e simplificada. Por exemplo, os utilizadores podem encomendar mantimentos ou kits de refeições diretamente do seu frigorífico ou aparelho de cozinha inteligente.

b. Conectividade do ecossistema: Os aparelhos de cozinha inteligentes e as plataformas de entrega de alimentos fazem parte de um ecossistema mais vasto de dispositivos, serviços e aplicações conectados que permitem aos utilizadores gerir as suas actividades na cozinha, o planeamento de refeições e as experiências gastronómicas de forma mais eficiente e eficaz.

c. Interoperabilidade e compatibilidade: As normas de interoperabilidade e os protocolos de compatibilidade garantem que os electrodomésticos de cozinha inteligentes e as plataformas de entrega de alimentos podem comunicar e trabalhar em conjunto sem problemas, independentemente da marca, do fabricante ou da plataforma tecnológica.

Capítulo 8: Tendências e alterações das preferências dos consumidores

8.1 Ascensão do consumismo consciente

A ascensão do consumismo consciente representa uma mudança significativa no comportamento do consumidor, caracterizada por uma maior consciencialização das considerações sociais, ambientais e éticas nas decisões de compra. Os consumidores conscientes dão prioridade à sustentabilidade, ao fornecimento ético, à transparência e à responsabilidade social na escolha de produtos e marcas, impulsionando a procura de bens e serviços amigos do ambiente, socialmente responsáveis e produzidos de forma ética. Vamos explorar os principais aspectos da ascensão do consumismo consciente:

Consciência ambiental:

a. Sustentabilidade: Os consumidores conscientes estão preocupados com o impacto ambiental dos seus hábitos de consumo e procuram produtos e marcas que dêem prioridade à sustentabilidade e ao respeito pelo ambiente. Preferem produtos fabricados a partir de recursos renováveis, materiais reciclados e embalagens biodegradáveis ou compostáveis para minimizar a pegada ambiental.

b. Alterações climáticas: Os consumidores conscientes estão cada vez mais cientes do papel do comportamento do consumidor na contribuição para as alterações climáticas e a degradação ambiental. Apoiam iniciativas e empresas que tomam medidas proactivas para reduzir as emissões de gases com efeito de estufa, conservar os recursos naturais e atenuar os impactos ambientais ao longo do ciclo de vida do produto.

c. Economia circular: Os consumidores conscientes adoptam os princípios da economia circular, que visam minimizar os resíduos, prolongar o ciclo de vida dos produtos e promover a eficiência dos recursos através da reciclagem, reutilização e práticas de consumo responsáveis.

Considerações éticas:

a. Comércio justo: Os consumidores conscientes valorizam as práticas de comércio justo e apoiam as marcas que garantem salários justos, condições de trabalho seguras e um tratamento equitativo para os trabalhadores ao longo da cadeia de abastecimento, particularmente em sectores como a agricultura, os têxteis e a indústria transformadora.

b. Direitos humanos: Os consumidores conscientes defendem os direitos humanos e a justiça social boicotando produtos associados à exploração laboral, ao trabalho infantil, ao trabalho forçado e a outras violações dos direitos humanos. Dão prioridade às marcas que demonstram práticas éticas de abastecimento e transparência na cadeia de abastecimento.

c. Bem-estar dos animais: Os consumidores conscientes preocupam-se com o bem-estar dos animais e procuram produtos sem crueldade, veganos e amigos dos animais que sejam produzidos sem prejudicar ou explorar os animais. Apoiam marcas que aderem a elevados padrões de bem-estar animal e evitam testes em animais ou a utilização de ingredientes derivados de animais.

Transparência e responsabilidade:

a. Transparência na cadeia de abastecimento: Os consumidores conscientes exigem transparência e responsabilidade por parte das marcas relativamente às suas práticas na cadeia de fornecimento, métodos de abastecimento e processos de produção. Esperam que as marcas divulguem informações sobre as origens das matérias-primas, as condições de trabalho, os impactos ambientais e as iniciativas de responsabilidade social para permitir decisões de compra informadas.

b. Responsabilidade empresarial: Os consumidores conscientes responsabilizam as empresas pelos seus impactos sociais e ambientais e esperam que estas adoptem práticas empresariais responsáveis, normas de governação ética e compromissos de sustentabilidade. Apoiam as marcas que demonstram responsabilidade social das empresas (RSE) e gestão ambiental.

Impacto social e envolvimento da comunidade:

a. Responsabilidade social: Os consumidores conscientes procuram ter um impacto social positivo através das suas escolhas de compra, apoiando marcas que contribuem para o desenvolvimento da comunidade, filantropia e causas sociais. Preferem marcas que se envolvam em acções de beneficência, voluntariado e programas de proximidade para abordar questões sociais e apoiar comunidades marginalizadas.

b. Marketing ético: Os consumidores conscientes desconfiam do greenwashing e das tácticas de marketing ético utilizadas pelas marcas para manipular as percepções dos consumidores e promover afirmações enganosas sobre sustentabilidade ou responsabilidade social. Valorizam a autenticidade, a honestidade e a integridade na comunicação da marca e esperam que as marcas apoiem as suas afirmações com acções tangíveis e resultados mensuráveis.

Capacitação e ativismo:

a. Empoderamento do consumidor: Os consumidores conscientes vêem o seu poder de compra como uma ferramenta para impulsionar mudanças positivas e promover a sustentabilidade, a justiça social e as práticas empresariais éticas. Procuram ativamente informações, recursos e plataformas para se educarem, envolverem-se com comunidades que pensam da mesma forma e defenderem as causas em que acreditam.

b. Movimentos de base: O consumismo consciente está a alimentar movimentos, campanhas e iniciativas de base que aumentam a sensibilização, mobilizam a ação colectiva e responsabilizam as empresas pelos seus impactos sociais e ambientais. Estes movimentos utilizam os meios de comunicação social, o ativismo em linha e os boicotes dos consumidores para amplificar as suas vozes e influenciar o comportamento das empresas.

8.2 Procura de produtos transparentes e de rótulos limpos

A procura de transparência e de produtos com rótulo limpo aumentou nos últimos anos, reflectindo as crescentes preocupações dos consumidores com a saúde, o bem-estar e a sustentabilidade. Os consumidores conscientes estão a analisar cada vez mais os rótulos dos produtos, procurando clareza, autenticidade e fiabilidade nos ingredientes utilizados, nos processos de produção empregues e nos valores da marca defendidos. Vamos aprofundar os principais aspectos que impulsionam a procura de transparência e de produtos com rótulo limpo:

Saúde e bem-estar:

a. Transparência dos ingredientes: Os consumidores estão a exigir uma maior transparência relativamente aos ingredientes utilizados nos alimentos, bebidas, produtos de higiene pessoal e artigos para o lar. Dão prioridade a produtos com ingredientes simples e reconhecíveis, minimamente processados e isentos de aditivos artificiais, conservantes, corantes, aromas e outras substâncias sintéticas.

b. Movimento do rótulo limpo: O movimento clean label defende produtos sem ingredientes artificiais, sintéticos e potencialmente nocivos, como adoçantes artificiais, óleos hidrogenados, xarope de milho rico em frutose e aditivos químicos. Os produtos com rótulos limpos são apreciados pelos consumidores que procuram opções naturais, saudáveis e nutritivas para si e para as suas famílias.

c. Preferências alimentares: Os consumidores com preferências alimentares específicas, como as dietas vegan, vegetariana, sem glúten, sem lacticínios ou sem alergénios, dependem de uma rotulagem clara e exacta para identificar os produtos adequados e fazer escolhas informadas que estejam de acordo com as suas necessidades alimentares e preferências de estilo de vida.

Sustentabilidade e ética:

a. Aprovisionamento responsável: Os consumidores estão cada vez mais preocupados com o impacto ambiental e social da produção alimentar, da agricultura e dos processos de fabrico. Preferem produtos fabricados com ingredientes de origem sustentável, materiais produzidos de forma ética e práticas amigas do ambiente que minimizem a pegada de carbono, conservem os recursos naturais e promovam a biodiversidade.

b. Transparência na cadeia de abastecimento: A transparência na cadeia de abastecimento é essencial para criar confiança e segurança entre os consumidores. As marcas que dão visibilidade à sua cadeia de abastecimento, incluindo as origens do abastecimento, os métodos de produção, as práticas laborais e os esforços de gestão ambiental, demonstram responsabilidade e integridade, conquistando a lealdade e a preferência dos consumidores.

c. Responsabilidade empresarial: Os consumidores esperam que as marcas mantenham práticas comerciais éticas, responsabilidade corporativa e compromissos de sustentabilidade. Apoiam as empresas que demonstram transparência, responsabilidade e esforços genuínos para resolver questões sociais e ambientais, tais como práticas laborais justas, envolvimento da comunidade e objectivos de neutralidade de carbono.

Segurança e qualidade alimentar:
a. Clareza e exatidão da rotulagem: A rotulagem clara, exacta e informativa é crucial para garantir a segurança alimentar, a qualidade e a conformidade regulamentar. Os consumidores confiam nos rótulos dos produtos para fornecerem informações essenciais sobre ingredientes, alergénios, conteúdo nutricional, datas de validade e instruções de armazenamento para tomarem decisões de compra informadas e evitarem efeitos adversos para a saúde.
b. Certificação e verificação: As certificações de terceiros, como os rótulos orgânicos, não-OGM, de comércio justo e de sustentabilidade certificada, servem como marcadores da qualidade do produto, da autenticidade e da adesão a normas e critérios específicos. Os consumidores confiam que os produtos certificados cumprem requisitos rigorosos e são submetidos a uma verificação independente para garantir a conformidade com as melhores práticas da indústria.
c. Rastreabilidade e Prontidão de Recolha: Os sistemas de rastreabilidade permitem às marcas seguir e localizar os produtos ao longo da cadeia de abastecimento, desde as matérias-primas até aos produtos acabados, facilitando uma resposta rápida a incidentes de segurança alimentar, problemas de qualidade e recolhas de produtos. A comunicação transparente e as medidas pró-activas para resolver problemas de segurança aumentam a confiança dos consumidores e a reputação da marca.

Capacitação e educação dos consumidores:
a. Consciência sobre os ingredientes: Os consumidores estão a tornar-se mais informados e exigentes em relação aos ingredientes que consomem e aos produtos que utilizam. Procuram ativamente informações, recursos e ferramentas para decifrar os rótulos dos produtos, compreender as listas de ingredientes e fazer escolhas informadas que apoiem os seus objectivos de saúde, valores e sustentabilidade.
b. Defesa e envolvimento: Os grupos de defesa do consumidor, as ONGs e os movimentos de base desempenham um papel vital na consciencialização, mobilização de apoio e defesa da transparência, responsabilidade e iniciativas de rótulos limpos. Ao amplificarem as vozes dos consumidores e ao impulsionarem a mudança em todo o sector, estas partes interessadas capacitam os consumidores para exigirem uma maior transparência e responsabilidade por parte das marcas.

8.3 Impacto da pandemia global nos padrões de consumo alimentar

A pandemia global, em particular o surto de COVID-19, teve um impacto profundo nos padrões de consumo alimentar em todo o mundo. Desde as compras de pânico e a constituição de reservas até às mudanças nos comportamentos de compra e nas preferências alimentares, a pandemia alterou a forma como as pessoas compram, preparam e consomem alimentos. Vamos explorar os principais impactos da pandemia global nos padrões de consumo alimentar:

Mudanças nos comportamentos de compra:
a. Compra em pânico: No início da pandemia, os consumidores entraram em pânico,

abastecendo-se de produtos alimentares essenciais, produtos básicos para o lar e produtos não perecíveis, antecipando as perturbações na cadeia de abastecimento, os confinamentos e as medidas de quarentena. Este facto levou a uma escassez temporária, a prateleiras vazias e a um aumento da procura de alimentos básicos, produtos enlatados e produtos de longa duração.

b. Compras a granel: Os consumidores passaram a comprar a granel e em embalagens maiores para minimizar as deslocações às compras, reduzir a exposição a lojas lotadas e garantir um abastecimento adequado de artigos essenciais durante períodos de incerteza e restrições de confinamento.

c. Compras online: A pandemia acelerou a adoção de plataformas de compras de supermercado e de comércio eletrónico online, uma vez que os consumidores procuraram formas práticas e sem contacto para comprarem produtos de mercearia, refeições e bens essenciais para o lar a partir da segurança das suas casas. Os serviços de entrega e recolha de mercearias em linha registaram um aumento da procura, o que levou os retalhistas a expandir as suas ofertas digitais e a investir em capacidades de execução em linha.

d. Vendas locais e diretas ao consumidor: Os consumidores mostraram um interesse crescente em alimentos de origem local, frescos e artesanais, bem como em canais de venda direta ao consumidor (DTC), tais como mercados de agricultores, programas de agricultura apoiada pela comunidade (CSA) e serviços de caixas de assinatura. Estes canais oferecem alternativas mais frescas, mais saudáveis e mais sustentáveis às mercearias tradicionais e aos produtos produzidos em massa.

Mudanças nos hábitos alimentares:

a. Cozinhar em casa: Com o encerramento de restaurantes, as medidas de distanciamento social e as ordens para ficar em casa, os consumidores passaram a cozinhar mais refeições em casa e redescobriram as alegrias da cozinha caseira, da pastelaria e da preparação de refeições. Este facto levou a um aumento da procura de ingredientes para cozinhar, de utensílios de cozinha e de inspiração para receitas, bem como a um ressurgimento do interesse pela jardinagem doméstica e pela conservação de alimentos.

b. Planeamento de refeições e confeção de refeições em lote: Os consumidores adoptaram estratégias de planeamento de refeições, cozedura em lotes e preparação de refeições para simplificar a hora das refeições, minimizar o desperdício de alimentos e esticar os orçamentos das mercearias. Estas práticas permitiram aos indivíduos e às famílias poupar tempo, dinheiro e energia, assegurando ao mesmo tempo refeições nutritivas e caseiras numa base regular.

c. Alimentos reconfortantes e indulgência: Em alturas de stress, incerteza e angústia emocional, os consumidores gravitaram em torno de alimentos de conforto, favoritos nostálgicos e guloseimas indulgentes para procurar consolo, aliviar a ansiedade e melhorar o humor. Isto levou a um aumento do consumo de alimentos de conforto, como massas, pão, produtos de pastelaria e snacks, bem como a comportamentos alimentares orientados para o conforto.

Tendências de saúde e bem-estar:

a. Foco nos alimentos que reforçam o sistema imunitário: Os consumidores tornaram-se mais conscientes da sua saúde e bem-estar, procurando alimentos que estimulam o sistema imunitário, ingredientes funcionais e suplementos nutricionais para apoiar a função imunitária, a vitalidade e a resiliência. Isto incluiu o aumento do consumo de frutas, vegetais, grãos integrais, nozes, sementes e superalimentos ricos em vitaminas, minerais, antioxidantes e fitonutrientes.

b. Aumento das opções à base de plantas e preocupadas com a saúde: A pandemia acelerou a tendência para a alimentação à base de plantas, o vegetarianismo e as dietas flexitárias, impulsionada por preocupações com a sustentabilidade, o bem-estar animal e a saúde pessoal. Os consumidores optaram por alternativas à carne, aos lacticínios e aos produtos de origem animal à base de plantas, bem como por opções mais saudáveis e ricas em nutrientes que se alinham com as suas preferências e valores alimentares.

c. Saúde e bem-estar "faça você mesmo": Com acesso limitado a ginásios, centros de fitness e instalações de bem-estar, os consumidores recorreram a práticas de saúde e bem-estar do tipo "faça você mesmo", incluindo treinos em casa, actividades ao ar livre, exercícios de atenção plena e rituais de autocuidado. Esta abordagem holística à saúde e ao bem-estar englobou os aspectos físicos, mentais e emocionais do bem-estar, realçando a importância dos cuidados pessoais e das práticas holísticas de estilo de vida.

Impacto no sector dos serviços alimentares:

a. Encerramento de restaurantes e serviços de entrega: A pandemia obrigou muitos restaurantes, cafés e estabelecimentos de serviços alimentares a encerrar temporariamente ou a mudar para modelos de entrega, entrega e encomendas online para cumprir as medidas de distanciamento social e os regulamentos governamentais. Isso levou a um aumento na demanda por plataformas de entrega de alimentos, serviços de kit de refeição e cozinhas fantasmas, à medida que os consumidores buscavam alternativas convenientes e seguras para experiências de jantar no local.

b. Aumento das refeições em casa e ao ar livre: Com as restrições impostas às refeições em espaços interiores e às reuniões sociais, os consumidores abraçaram as experiências de refeições em casa, os piqueniques no quintal e as opções de refeições ao ar livre, como os lugares no pátio, as carrinhas de comida e as refeições ao ar livre. Estas alternativas permitiram aos consumidores desfrutar de refeições com qualidade de restaurante no conforto e segurança das suas próprias casas ou em ambientes exteriores.

c. Foco na segurança e higiene alimentar: A pandemia aumentou a sensibilização dos consumidores para as práticas de segurança alimentar, higiene e saneamento em restaurantes e estabelecimentos de restauração. Os consumidores deram prioridade a locais com protocolos de higiene rigorosos, opções de encomenda e pagamento sem contacto e comunicação transparente sobre medidas sanitárias para minimizar o risco de transmissão do vírus e garantir uma experiência gastronómica segura.

Capítulo 9: Redução dos resíduos alimentares e iniciativas de economia circular

9.1 Upcycling e Valorização de Subprodutos Alimentares

O upcycling e a valorização de subprodutos alimentares são abordagens inovadoras que têm como objetivo reduzir o desperdício alimentar, promover a sustentabilidade e maximizar o valor dos recursos alimentares não utilizados ou subutilizados. Em vez de descartar os subprodutos alimentares como resíduos, estas práticas envolvem a sua reutilização em ingredientes, produtos ou materiais valiosos para várias aplicações. Vamos explorar os principais aspectos do upcycling e da valorização dos subprodutos alimentares:

Definição e princípios:

a. Upcycling: O upcycling refere-se ao processo de transformação de resíduos ou materiais deitados fora em novos produtos de maior valor, qualidade ou utilidade. No contexto dos subprodutos alimentares, o upcycling envolve a conversão de resíduos alimentares comestíveis ou não comestíveis em ingredientes nutritivos, aditivos funcionais ou produtos alimentares inovadores.

b. Valorização: A valorização consiste em extrair, recuperar ou aumentar o valor de materiais, recursos ou subprodutos subutilizados ou de baixo valor através de meios tecnológicos, económicos ou ambientais. As estratégias de valorização têm como objetivo maximizar a eficiência dos recursos, minimizar a produção de resíduos e criar valor a partir dos fluxos de resíduos.

Tipos de subprodutos alimentares:

a. Resíduos agrícolas: Os subprodutos e resíduos agrícolas, tais como cascas, caules, folhas e bagaços de frutas e vegetais, são gerados durante o processamento de alimentos, a colheita e o manuseamento pós-colheita. Estes subprodutos contêm nutrientes, fibras e compostos bioactivos valiosos que podem ser recuperados e utilizados em várias aplicações.

b. Subprodutos da transformação de alimentos: O processamento de alimentos gera uma ampla gama de subprodutos, incluindo grãos usados, soro de leite, bagaço, cascas, aparas e restos de alimentos. Estes subprodutos contêm frequentemente componentes valiosos, como proteínas, fibras, lípidos e antioxidantes, que podem ser reutilizados para consumo humano, alimentação animal, produção de biocombustíveis ou aplicações industriais.

c. Desperdício alimentar: Os resíduos alimentares referem-se a materiais alimentares comestíveis ou não comestíveis que são deitados fora ou eliminados em várias fases da cadeia de abastecimento alimentar, incluindo a produção, transformação, distribuição, venda a retalho e consumo. Os resíduos alimentares podem ser reutilizados através de estratégias de reciclagem e valorização para recuperar nutrientes, reduzir o impacto ambiental e mitigar o desperdício de recursos.

Estratégias de Upcycling e Valorização:

a. Recuperação de nutrientes: A reciclagem de subprodutos alimentares envolve a extração e recuperação de nutrientes valiosos, compostos bioactivos e ingredientes funcionais de fluxos de resíduos. Tecnologias como a extração, fermentação, hidrólise enzimática e bioprocessamento são utilizadas para isolar proteínas, fibras, antioxidantes, vitaminas e minerais de subprodutos alimentares para utilização em aplicações alimentares, rações ou farmacêuticas.

b. Desenvolvimento de produtos: Os subprodutos alimentares podem ser transformados em novos produtos alimentares, ingredientes ou suplementos através de técnicas de processamento e abordagens de formulação inovadoras. Exemplos incluem a utilização de cascas de frutas e vegetais para produzir suplementos de fibra dietética, transformar grãos usados em farinha para produtos de panificação ou fermentar soro de leite em bebidas probióticas.

c. Alimentação animal e agricultura: Os subprodutos alimentares podem ser reutilizados como ingredientes de alimentação animal para suplementar as dietas dos animais com nutrientes essenciais, reduzir os custos da alimentação e melhorar a eficiência da alimentação. Os subprodutos como a polpa de citrinos, os grãos de cerveja e a farinha de soja são normalmente utilizados em formulações de alimentos para animais para fornecer proteínas, energia e fibras ao gado.

d. Biorefinaria e Bioenergia: A valorização de subprodutos alimentares envolve a conversão de fluxos de resíduos orgânicos em biocombustíveis, biogás ou bioquímicos através de processos como a digestão anaeróbia, a fermentação ou a pirólise. Ao converter os resíduos alimentares em fontes de energia renováveis, as estratégias de valorização ajudam a reduzir as emissões de gases com efeito de estufa, desviam os resíduos dos aterros e promovem os princípios da economia circular.

Benefícios ambientais e económicos:

a. Redução de resíduos: O upcycling e a valorização dos subprodutos alimentares contribuem para a redução do desperdício alimentar, desviando os resíduos orgânicos dos aterros e incineradores e minimizando a poluição ambiental e as emissões de gases com efeito de estufa associadas à decomposição dos alimentos.

b. Eficiência de recursos: Ao recuperar nutrientes, energia e materiais valiosos dos subprodutos alimentares, as estratégias de upcycling e valorização promovem a eficiência dos recursos e os princípios da economia circular, conservando os recursos naturais e reduzindo a pegada ambiental da produção e consumo de alimentos.

c. Oportunidades económicas: O upcycling e a valorização criam oportunidades económicas para as empresas, os agricultores e os empresários, desbloqueando o valor dos subprodutos alimentares, gerando fluxos de receitas e reduzindo os custos de produção. Ao reorientar os fluxos de resíduos para produtos comercializáveis, as empresas podem melhorar a rentabilidade, aumentar a competitividade e promover a inovação na indústria alimentar.

Desafios e considerações:

a. Conformidade regulamentar: O upcycling e a valorização de subprodutos alimentares podem estar sujeitos a requisitos regulamentares, normas de segurança alimentar e protocolos de garantia de qualidade para garantir a segurança do produto, a legalidade e a proteção do consumidor. A conformidade com os regulamentos alimentares e os requisitos de rotulagem é essencial para manter a integridade do produto e a confiança do consumidor.

b. Inovação tecnológica: O upcycling e a valorização requerem investimento em investigação e desenvolvimento, adoção de tecnologia e otimização de processos para ultrapassar desafios técnicos, aumentar a produção e comercializar soluções viáveis. A inovação em tecnologias de processamento, formulação de produtos e desenvolvimento de mercados é essencial para maximizar o potencial dos subprodutos alimentares.

c. Aceitação do consumidor: A aceitação e a perceção do consumidor em relação aos produtos reciclados e valorizados desempenham um papel crucial na adoção e no sucesso do mercado. As marcas devem educar os consumidores sobre os benefícios ambientais e nutricionais dos produtos upcycled, comunicar de forma transparente

9.2 Alternativas de embalagens sustentáveis

As alternativas de embalagens sustentáveis estão a ganhar força à medida que os consumidores e as empresas procuram reduzir o impacto ambiental, minimizar os resíduos e promover os princípios da economia circular. Estas alternativas englobam uma vasta gama de materiais, designs e inovações que dão prioridade à eficiência dos recursos, à reciclabilidade, à biodegradabilidade e à compatibilidade ecológica. Vamos explorar algumas das principais alternativas de embalagens sustentáveis:

Materiais biodegradáveis e compostáveis:

a. Bioplásticos: Os bioplásticos são derivados de fontes de biomassa renováveis, como plantas, resíduos agrícolas ou algas. Podem ser compostáveis, biodegradáveis ou recicláveis, oferecendo uma alternativa sustentável aos plásticos tradicionais derivados do petróleo. Os exemplos incluem o ácido poliláctico (PLA), os polihidroxialcanoatos (PHAs) e o polietileno de base biológica (PE).

b. Películas biodegradáveis: As películas biodegradáveis fabricadas a partir de materiais como a celulose, o amido ou a quitosana decompõem-se naturalmente em ambientes de compostagem ou no solo, reduzindo a poluição do plástico e os danos ambientais. Estas películas são utilizadas para embalar frutas, legumes, snacks e outros produtos perecíveis.

c. Embalagem de cogumelos: As embalagens de cogumelos, também conhecidas como embalagens de micélio, são feitas de resíduos agrícolas e micélio, a estrutura da raiz dos cogumelos. É biodegradável, compostável e renovável, oferecendo uma alternativa sustentável às embalagens de esferovite e poliestireno para embalagens de proteção e aplicações de isolamento.

Materiais recicláveis e renováveis:

a. Papel e cartão: As embalagens de papel e cartão são amplamente utilizadas como alternativas sustentáveis às embalagens de plástico devido à sua capacidade de reciclagem, biodegradabilidade e natureza renovável. São normalmente utilizadas para caixas de embalagem, cartões, sacos e materiais de acondicionamento em várias indústrias.

b. Vidro e metal: As embalagens de vidro e metal são materiais duráveis e infinitamente recicláveis que podem ser reutilizados ou reciclados várias vezes sem perda de qualidade. São normalmente utilizados para embalar bebidas, produtos alimentares, cosméticos e produtos farmacêuticos, oferecendo uma alternativa sustentável aos plásticos de utilização única.

c. Fibras de origem vegetal: As fibras de origem vegetal, como o bambu, o bagaço de cana-de-açúcar, a palha de trigo e o cânhamo, podem ser utilizadas para produzir materiais de embalagem renováveis, biodegradáveis e compostáveis. Estas fibras são utilizadas para embalar tabuleiros, recipientes, copos e utensílios nas indústrias de restauração e de serviços alimentares.

Embalagem reutilizável e recarregável:

a. Recipientes reutilizáveis: Os recipientes, garrafas e frascos reutilizáveis feitos de materiais duráveis como o vidro, o aço inoxidável ou o silicone podem ser enchidos, reutilizados e devolvidos através de programas de recarga ou esquemas de embalagem circular. Estes sistemas ajudam a reduzir os resíduos de embalagens, promovem a conservação dos recursos e incentivam a mudança de comportamento dos consumidores.

b. Estações de recarga: As estações de recarga e os distribuidores a granel permitem aos consumidores encher os seus próprios recipientes com produtos como soluções de limpeza, produtos de higiene pessoal e produtos secos, reduzindo a necessidade de embalagens de utilização única e minimizando os resíduos de embalagens gerados no ponto de venda.

c. Embalagem como um serviço (PaaS): Os modelos de embalagem como serviço permitem às empresas oferecer produtos em formatos de embalagens reutilizáveis que são recolhidos, limpos e reutilizados através de um sistema de ciclo fechado. Os clientes pagam um depósito ou uma taxa de subscrição pelo acesso a embalagens reutilizáveis, promovendo a circularidade e a eficiência dos recursos.

Design e tecnologia inovadores:

a. Design minimalista: O design minimalista de embalagens enfatiza a simplicidade, a funcionalidade e a eficiência dos materiais, reduzindo componentes de embalagem desnecessários, camadas e resíduos. Centra-se na otimização das dimensões, formas e materiais da embalagem para minimizar o impacto ambiental, mantendo a integridade do produto e o apelo ao consumidor.

b. Embalagem inteligente: As tecnologias de embalagem inteligente integram sensores, indicadores e sistemas de rastreio nos materiais de embalagem para monitorizar a frescura, o prazo de validade e a qualidade do produto em tempo real. Estas tecnologias ajudam a reduzir o desperdício alimentar, melhoram a eficiência da cadeia de abastecimento e aumentam a segurança e a confiança dos consumidores.

c. Embalagem solúvel em água: Os materiais de embalagem solúveis em água dissolvem-se na água, eliminando a necessidade de eliminação e reduzindo os resíduos de embalagens. São utilizados em embalagens de dose única, saquetas e bolsas para produtos como detergentes, agentes de limpeza e produtos de higiene pessoal.

Certificação e rotulagem:

a. Rótulos ecológicos: Os rótulos ecológicos e as certificações como o Forest Stewardship Council (FSC), Rainforest Alliance e Cradle to Cradle certificam que os materiais de embalagem cumprem normas ambientais e de sustentabilidade específicas, incluindo o abastecimento responsável, a reciclabilidade e a biodegradabilidade. Estes rótulos ajudam os consumidores a fazer escolhas informadas e apoiam as marcas empenhadas em práticas de embalagem sustentáveis.

b. Avaliação do ciclo de vida (LCA): As ferramentas e metodologias de avaliação do ciclo de vida avaliam o impacto ambiental dos materiais e sistemas de embalagem ao longo de todo o seu ciclo de vida, desde a extração da matéria-prima até à eliminação ou reciclagem em fim de vida. A LCA ajuda a identificar oportunidades de otimização, melhoria e inovação na conceção de embalagens sustentáveis e na tomada de decisões.

9.3 Soluções baseadas na comunidade e plataformas de colaboração

As soluções baseadas na comunidade e as plataformas de colaboração desempenham um papel crucial na resolução de desafios societais complexos, promovendo a inovação e impulsionando mudanças positivas a nível local, regional e global. Estas iniciativas tiram partido do conhecimento coletivo, dos recursos e das redes de comunidades, organizações e partes interessadas para abordar questões como a sustentabilidade, a desigualdade social, a saúde pública e a degradação ambiental. Vamos explorar alguns exemplos de soluções baseadas na comunidade e plataformas de colaboração:

Hortas comunitárias e agricultura urbana:

a. Hortas comunitárias: As hortas comunitárias proporcionam espaços partilhados onde indivíduos, famílias e vizinhos se juntam para cultivar frutas, legumes, ervas aromáticas e flores coletivamente. Estes espaços verdes promovem a agricultura urbana, a segurança alimentar e o envolvimento da comunidade, ao mesmo tempo que fomentam as ligações sociais, a gestão ambiental e estilos de vida saudáveis.

b. Iniciativas de agricultura urbana: As iniciativas de agricultura urbana envolvem o cultivo de culturas e a criação de gado em áreas urbanas, utilizando terrenos baldios, telhados ou espaços interiores para a produção de alimentos. Estas iniciativas abordam os desertos alimentares, promovem os sistemas alimentares locais e permitem que as comunidades tenham acesso a alimentos frescos e nutritivos, reduzindo simultaneamente as milhas alimentares e a pegada de carbono.

Plataformas da economia de partilha:

a. Partilha entre pares: As plataformas de economia de partilha permitem que os indivíduos partilhem recursos, bens e serviços com outros dentro da sua comunidade ou rede. Os exemplos incluem serviços de partilha de automóveis, programas de partilha de bicicletas, bibliotecas de ferramentas e trocas de roupa, que promovem a eficiência

dos recursos, reduzem o consumo e criam resiliência na comunidade.
b. Consumo colaborativo: As plataformas de consumo colaborativo facilitam a partilha, o aluguer ou o empréstimo de bens e posses entre utilizadores, reduzindo a necessidade de propriedade e promovendo o acesso em vez da posse. Estas plataformas incentivam padrões de consumo sustentáveis, reduzem a produção de resíduos e fomentam um sentimento de propriedade e gestão comunitária.

Espaços de co-working e comunidades de criadores:
a. Espaços de co-working: Os espaços de co-working proporcionam ambientes de trabalho partilhados onde freelancers, empresários e trabalhadores remotos podem colaborar, trabalhar em rede e aceder a recursos e comodidades partilhados. Estes espaços promovem a criatividade, a inovação e o empreendedorismo, permitindo que os indivíduos e as pequenas empresas prosperem, reduzindo simultaneamente os custos gerais e o impacto ambiental.
b. Comunidades de criadores: As comunidades de criadores reúnem entusiastas da bricolage, amadores, inventores e criadores para partilhar competências, conhecimentos e recursos para projectos práticos e empreendimentos criativos. Estas comunidades promovem a cultura do criador, a inovação e a sustentabilidade através de workshops, feiras de criadores e projectos de colaboração centrados na reciclagem, reutilização e soluções de bricolage.

Conservação do ambiente liderada pela comunidade:
a. Gestão ambiental: As iniciativas de conservação ambiental lideradas pela comunidade capacitam os residentes locais, voluntários e organizações a proteger e preservar os habitats naturais, os ecossistemas e a biodiversidade nas suas comunidades. Estas iniciativas envolvem a plantação de árvores, a recuperação de habitats, a monitorização da vida selvagem e programas de educação ambiental que promovem a consciência ecológica, a resiliência e a sustentabilidade.
b. Ciência cidadã: Os projectos de ciência cidadã envolvem membros da comunidade em esforços de investigação científica e recolha de dados para monitorizar indicadores ambientais, seguir populações de animais selvagens e avaliar a saúde ecológica. Os cidadãos cientistas contribuem com dados e conhecimentos valiosos para a investigação científica, informam as decisões políticas e sensibilizam o público para as questões ambientais.

Plataformas de impacto social e de participação cívica:
a. Plataformas de Crowdfunding: As plataformas de crowdfunding de impacto social permitem que indivíduos e organizações angariem fundos para projectos comunitários, causas sociais e iniciativas sem fins lucrativos através de donativos online de um público global. Estas plataformas democratizam a filantropia, dão poder às iniciativas de base e mobilizam o apoio para soluções comunitárias para desafios sociais e ambientais.
b. Ferramentas de envolvimento cívico: As plataformas de participação cívica e as ferramentas digitais facilitam a comunicação, a colaboração e a tomada de decisões entre membros da comunidade, agências governamentais e organizações cívicas. Estas ferramentas permitem a democracia participativa, a organização da comunidade e a ação

colectiva em questões como a saúde pública, a educação, a habitação e os transportes.

Redes de colaboração para a inovação:

a. Plataformas de inovação aberta: As plataformas de inovação aberta reúnem diversas partes interessadas, incluindo empresas, universidades, agências governamentais e organizações sem fins lucrativos, para colaborar na resolução de desafios complexos e impulsionar a inovação em vários domínios. Estas plataformas facilitam a partilha de conhecimentos, a geração de ideias e a co-criação de soluções através de crowdsourcing, hackathons e desafios de inovação.

b. Redes de investigação em colaboração: As redes de investigação em colaboração promovem a colaboração interdisciplinar e o intercâmbio de conhecimentos entre investigadores, profissionais e decisores políticos que trabalham em interesses e objectivos de investigação comuns. Estas redes promovem parcerias intersectoriais, a partilha de dados e a tomada de decisões com base em dados concretos, a fim de resolver problemas societais complexos e fazer avançar a compreensão científica.

Capítulo 10: Cenário regulamentar e perspectivas futuras

10.1 Regulamentos e normas alimentares globais

Os regulamentos e normas alimentares globais desempenham um papel fundamental na garantia da segurança, qualidade e integridade da cadeia de abastecimento alimentar, na proteção da saúde pública e na facilitação do comércio internacional. Estes regulamentos e normas são estabelecidos pelos governos nacionais, organizações internacionais e organismos industriais para harmonizar as práticas de segurança alimentar, regular a produção e distribuição de alimentos e impor o cumprimento das normas e diretrizes estabelecidas. Vamos explorar alguns aspectos-chave dos regulamentos e normas alimentares globais:

Comissão do Codex Alimentarius:

A Comissão do Codex Alimentarius, criada pela Organização das Nações Unidas para a Alimentação e a Agricultura (FAO) e pela Organização Mundial de Saúde (OMS), desenvolve normas alimentares internacionais, diretrizes e códigos de conduta para proteger a saúde dos consumidores e garantir práticas justas no comércio alimentar.

As normas do Codex abrangem uma vasta gama de tópicos, incluindo a higiene alimentar, os aditivos alimentares, os contaminantes, a rotulagem, os sistemas de gestão da segurança alimentar e os resíduos de medicamentos veterinários, fornecendo uma base para a harmonização dos requisitos regulamentares e facilitando o comércio internacional.

Regulamentos de segurança alimentar:

Os regulamentos de segurança alimentar estabelecem requisitos e normas para prevenir, controlar e mitigar os perigos e riscos de origem alimentar ao longo da cadeia de produção, transformação, distribuição e manuseamento de alimentos.

Agências reguladoras como a U.S. Food and Drug Administration (FDA), a European Food Safety Authority (EFSA) e a Food Standards Australia New Zealand (FSANZ) estabelecem e aplicam regulamentos de segurança alimentar para garantir a conformidade com critérios de segurança microbiológicos, químicos e físicos.

Normas de qualidade alimentar:

As normas de qualidade alimentar definem as caraterísticas, os atributos e os critérios que os produtos alimentares devem satisfazer para serem considerados seguros, saudáveis e adequados para consumo.

As normas de qualidade abrangem factores como o aspeto, a cor, a textura, o sabor, a composição nutricional e o prazo de validade, assegurando que os alimentos satisfazem as expectativas dos consumidores e os requisitos regulamentares em termos de frescura, palatabilidade e valor nutricional.

Regulamentos de rotulagem e embalagem:

Os regulamentos relativos à rotulagem e à embalagem obrigam ao fornecimento de informações exactas, claras e completas nos rótulos dos alimentos, para que os consumidores possam fazer escolhas informadas e proteger a saúde pública.

Os requisitos podem incluir a rotulagem dos ingredientes, informação nutricional, declarações de alergénios, rotulagem do país de origem, datas de validade, instruções de armazenamento e alegações de saúde, bem como materiais e formatos de embalagem que cumpram as normas de segurança e sustentabilidade.

Aditivos e contaminantes alimentares:

Os regulamentos regem a utilização de aditivos alimentares, auxiliares tecnológicos e materiais em contacto com os alimentos para garantir a sua segurança, eficácia e conformidade com os limites e especificações estabelecidos.

Os limites máximos de resíduos (LMR) e os níveis de tolerância são estabelecidos para resíduos de pesticidas, resíduos de medicamentos veterinários, contaminantes ambientais e outras substâncias químicas para salvaguardar a saúde dos consumidores e minimizar a exposição a contaminantes nocivos nos alimentos.

Acordos comerciais internacionais e harmonização:

Os acordos comerciais internacionais, como os acordos da Organização Mundial do Comércio (OMC) e os pactos comerciais regionais, facilitam a harmonização dos regulamentos e normas alimentares entre parceiros comerciais para promover a liberalização do comércio e o acesso ao mercado.

Os acordos de reconhecimento mútuo (ARM) e os acordos de equivalência estabelecem mecanismos para reconhecer e aceitar os sistemas de segurança alimentar, os procedimentos de inspeção e os sistemas de certificação uns dos outros, reduzindo os obstáculos ao comércio e promovendo a convergência regulamentar.

Sistemas de certificação e acreditação:

Os sistemas de certificação e acreditação fornecem a terceiros a garantia de que os produtos alimentares, os processos e os sistemas cumprem os requisitos regulamentares, as normas da indústria e as melhores práticas.

Programas de certificação como o ISO 22000 (Sistemas de Gestão de Segurança Alimentar), GlobalG.A.P. (Boas Práticas Agrícolas) e Certificação Orgânica certificam o cumprimento de critérios específicos de segurança alimentar, qualidade, sustentabilidade e práticas éticas de produção.

Avaliação e gestão dos riscos:

Os quadros de avaliação e gestão dos riscos avaliam e abordam os riscos, perigos e questões emergentes da segurança alimentar através da análise científica, da vigilância e da comunicação dos riscos.

Agências como a Autoridade Europeia para a Segurança dos Alimentos (EFSA), os Centros de Controlo e Prevenção de Doenças dos EUA (CDC) e a Autoridade de Segurança e Normas Alimentares da Índia (FSSAI) realizam avaliações de risco, estabelecem estratégias de gestão de risco e comunicam os resultados às partes interessadas para informar a tomada de decisões baseadas em provas e as intervenções de saúde pública.

10.2 Implicações políticas dos avanços tecnológicos

Os avanços tecnológicos têm implicações políticas de grande alcance em vários sectores, influenciando os quadros de governação, as abordagens regulamentares e as normas sociais. Estas implicações moldam a forma como os governos, as organizações e as comunidades exploram as oportunidades e os desafios apresentados pelas tecnologias emergentes. Vamos explorar algumas das principais implicações políticas dos avanços tecnológicos:

Quadros regulamentares:

Adaptação dos regulamentos: Os decisores políticos devem rever e atualizar continuamente os quadros regulamentares para acompanharem os rápidos avanços tecnológicos. Isto inclui o estabelecimento de diretrizes e normas claras para o desenvolvimento, implantação e utilização de tecnologias emergentes, de modo a garantir que a segurança e as considerações éticas sejam tidas em conta.

Avaliação e gestão dos riscos: Os governos precisam de processos sólidos de avaliação e gestão de riscos para avaliar o potencial impacto das novas tecnologias na saúde pública, na segurança, na privacidade e no ambiente. As abordagens baseadas no risco ajudam a identificar e a atenuar os potenciais danos, ao mesmo tempo que promovem a inovação e o crescimento económico.

Sandboxes regulamentares: Os "sandboxes" regulamentares proporcionam ambientes controlados para testar e experimentar novas tecnologias em condições regulamentares flexíveis. Estas iniciativas permitem que os reguladores avaliem a viabilidade e o impacto de soluções inovadoras, proporcionando simultaneamente salvaguardas para proteger os consumidores e as partes interessadas.

Implicações éticas e sociais:

Diretrizes éticas: Os decisores políticos precisam de estabelecer orientações e princípios éticos para reger o desenvolvimento e a utilização de tecnologias emergentes, abordando preocupações relacionadas com a privacidade, a justiça, a responsabilidade, a transparência e a equidade. Os quadros éticos ajudam a garantir que os avanços tecnológicos estão alinhados com os valores sociais e respeitam os direitos humanos e a dignidade.

Avaliações de impacto social: Os governos devem efetuar avaliações do impacto social para avaliar as potenciais consequências dos avanços tecnológicos nos indivíduos, nas comunidades e na sociedade em geral. Estas avaliações ajudam a identificar e a resolver as disparidades, as consequências não intencionais e os riscos sociais associados às novas tecnologias.

Inclusão digital: Os decisores políticos devem dar prioridade aos esforços de inclusão digital para garantir um acesso equitativo à tecnologia e aos recursos digitais a todos os membros da sociedade. Isto inclui a resolução dos obstáculos ao acesso, como a acessibilidade, a conetividade, a literacia digital e a relevância cultural, para colmatar o fosso digital e promover a inclusão social e a capacitação económica.

Considerações económicas:

Incentivos à inovação: Os governos podem implementar políticas e incentivos para encorajar o investimento em investigação, desenvolvimento e inovação em tecnologias emergentes. Isto inclui o financiamento de bolsas de investigação, a concessão de incentivos fiscais e o apoio ao empreendedorismo e aos ecossistemas de arranque para estimular o avanço tecnológico e o crescimento económico.

Desenvolvimento da força de trabalho: Os decisores políticos têm de investir em programas de desenvolvimento da força de trabalho e em iniciativas de educação para preparar os indivíduos para a natureza mutável do trabalho impulsionada pelos avanços tecnológicos. Isto inclui a promoção da educação STEM, programas de requalificação e melhoria de competências, e oportunidades de aprendizagem ao longo da vida para equipar os trabalhadores com as competências necessárias para a economia digital.

Política antitrust e de concorrência: À medida que os avanços tecnológicos conduzem à consolidação e ao domínio do mercado pelos gigantes da tecnologia, os decisores políticos devem aplicar as leis antitrust e da concorrência para garantir uma concorrência leal, impedir práticas monopolistas e promover a inovação, a escolha do consumidor e a diversidade do mercado.

Segurança e privacidade:

Regulamentação da cibersegurança: Os governos precisam de estabelecer regulamentos e normas de cibersegurança para proteger as infra-estruturas críticas, os sistemas digitais e os dados pessoais contra ciberameaças e ataques. Isto inclui a implementação de leis de proteção de dados, normas de encriptação, requisitos de comunicação de incidentes e melhores práticas de cibersegurança para salvaguardar os activos digitais e atenuar os riscos cibernéticos.

Legislação sobre privacidade: Os decisores políticos devem promulgar legislação sobre privacidade para regular a recolha, utilização e partilha de dados pessoais por empresas de tecnologia, agências governamentais e outras entidades. As leis de privacidade, como o Regulamento Geral de Proteção de Dados (RGPD) e a Lei de Privacidade do Consumidor da Califórnia (CCPA), proporcionam aos indivíduos o controlo sobre as suas informações pessoais e exigem que as organizações adoptem princípios de privacidade desde a conceção e medidas de transparência.

Cooperação internacional e governação:

Acordos Multilaterais: Dada a natureza global dos avanços tecnológicos, a cooperação internacional e os mecanismos de governação são essenciais para enfrentar os desafios transfronteiriços e promover a harmonização de políticas e normas. Os acordos, tratados e parcerias multilaterais facilitam a colaboração entre nações, organizações e partes interessadas para abordar preocupações comuns e promover a inovação responsável.

Quadros de governação global: Os decisores políticos precisam de desenvolver quadros de governação global para as tecnologias emergentes que promovam a colaboração, a partilha de informações e a criação de consensos sobre questões como a governação da IA, a regulamentação da biotecnologia e a exploração espacial. Estes quadros ajudam a promover a estabilidade, a segurança e a sustentabilidade globais face às perturbações tecnológicas e às tensões geopolíticas.

10.3 Previsões para o futuro da indústria alimentar

Prever o futuro da indústria alimentar implica antecipar tendências, inovações e mudanças no comportamento do consumidor, na tecnologia e na dinâmica global. Embora o futuro seja inerentemente incerto, várias tendências e desenvolvimentos importantes oferecem uma visão das trajectórias potenciais da indústria alimentar:

Alimentos sustentáveis e à base de plantas:
Aumento contínuo das dietas à base de plantas: A crescente consciencialização para a sustentabilidade ambiental, o bem-estar animal e as preocupações com a saúde está a impulsionar o aumento da procura de alimentos à base de plantas e de alternativas aos produtos animais tradicionais. Espera-se que o mercado de alimentos à base de plantas se expanda ainda mais, com produtos inovadores que atendem a diversas preferências alimentares e gostos culinários. Fornecimento e produção sustentáveis: Os consumidores estão a dar cada vez mais prioridade à sustentabilidade nas suas escolhas alimentares, impulsionando a procura de produtos alimentares de origem ética, amigos do ambiente e rastreáveis. As empresas estão a investir em práticas de agricultura sustentável, agricultura regenerativa e cadeias de abastecimento circulares para reduzir o impacto ambiental e satisfazer as expectativas dos consumidores em termos de transparência e responsabilidade.

Nutrição personalizada e alimentos funcionais:
Soluções de nutrição personalizadas: Os avanços na tecnologia, análise de dados e testes genéticos permitem recomendações nutricionais personalizadas adaptadas às necessidades de saúde, preferências e perfis genéticos individuais. Espera-se que serviços de nutrição personalizados, aplicativos e dietas baseadas em DNA ganhem popularidade, oferecendo planos de refeições personalizados, suplementos e intervenções dietéticas.
Alimentos funcionais e nutracêuticos: O interesse dos consumidores por alimentos e bebidas funcionais formulados com benefícios adicionais para a saúde, tais como probióticos, prebióticos, antioxidantes e adaptogénios, está a aumentar. Os ingredientes

funcionais e os compostos bioactivos são incorporados nos produtos alimentares do dia a dia para promover a saúde, o bem-estar e a prevenção de doenças.

Tecnologia e inovação alimentar:

Crescimento das startups de tecnologia alimentar: O sector da tecnologia alimentar está a registar um rápido crescimento e investimento, impulsionado pela inovação tecnológica, digitalização e alteração das preferências dos consumidores. As startups estão a desenvolver soluções inovadoras para a produção, processamento, distribuição e venda a retalho de alimentos, incluindo proteínas alternativas, carne cultivada, agricultura vertical e impressão 3D de alimentos.

IA e análise de dados: A inteligência artificial (IA) e a análise de dados estão a transformar vários aspectos da indústria alimentar, desde a agricultura de precisão e a otimização da cadeia de fornecimento até à nutrição personalizada e aos conhecimentos dos consumidores. As tecnologias baseadas em IA permitem a análise preditiva, a tomada de decisões inteligente e a automatização da produção alimentar, melhorando a eficiência, a qualidade e a sustentabilidade.

Digitalização e comércio eletrónico:

Transformação digital do retalho alimentar: A mudança para as compras online, as plataformas digitais e o comércio eletrónico está a remodelar o panorama do retalho alimentar, com os consumidores a preferirem cada vez mais a conveniência, a rapidez e a flexibilidade nos seus hábitos de compra. A entrega de mercearias em linha, os serviços de kits de refeições e as marcas diretas ao consumidor estão a perturbar os modelos tradicionais de retalho e a expandir as oportunidades de mercado.

Entrega de comida orientada para a tecnologia: As plataformas de entrega de comida a pedido e os modelos de entrega como serviço estão a revolucionar o mercado de entrega de comida, oferecendo aos consumidores uma vasta gama de opções de restaurantes, cozinhas e opções de entrega na ponta dos dedos. Os avanços na logística, robótica de entrega e veículos autónomos estão a impulsionar a inovação nas soluções de entrega de última milha.

Alterações regulamentares e políticas:

Segurança alimentar e rastreabilidade: Os governos estão a reforçar os regulamentos e as normas de segurança alimentar, rastreabilidade e rotulagem para fazer face aos riscos emergentes, garantir a transparência e proteger a saúde pública. A tecnologia Blockchain, o rastreio de ADN e os sistemas de certificação digital estão a ser adoptados para melhorar a rastreabilidade dos alimentos e a integridade da cadeia de abastecimento.

Regulamentos de sustentabilidade: Os decisores políticos estão a implementar regulamentos e incentivos para promover a sustentabilidade na indústria alimentar, incluindo a fixação do preço do carbono, a rotulagem ecológica e políticas de aquisição sustentáveis. As empresas são cada vez mais obrigadas a divulgar os impactos ambientais, a reduzir as emissões de gases com efeito de estufa e a adotar práticas sustentáveis em toda a cadeia de valor.

Desafios globais e resiliência:

Alterações climáticas e sistemas alimentares resilientes: As alterações climáticas, as catástrofes naturais e a degradação ambiental colocam desafios significativos à segurança alimentar e à produtividade agrícola a nível mundial. As estratégias de adaptação, como a agricultura inteligente em termos climáticos, as variedades de culturas resistentes e as práticas agrícolas eficientes em termos de água, são essenciais para criar sistemas alimentares resistentes e garantir o acesso e a estabilidade dos alimentos.

Preparação para a pandemia e resiliência da cadeia de abastecimento: A pandemia da COVID-19 evidenciou as vulnerabilidades das cadeias globais de abastecimento alimentar, levando a apelos a uma maior resiliência, flexibilidade e localização. As empresas estão reavaliando as estratégias da cadeia de suprimentos, diversificando o fornecimento e investindo em digitalização e automação para mitigar futuras interrupções e garantir a segurança alimentar.

Referências

Chaudhary, V., Bangar, S. P., Thaku, N., & Trif, M. (2022). Avanços recentes em embalagens biogênicas inteligentes: Reformulando o futuro da indústria de embalagens de alimentos. *Polymers, 14(4).* https://doi.org/10.3390/polym14040829

Raveendran, S., Parameswaran, B., Ummalyma, S. B., Abraham, A., Mathew, A. K., Madhavan, A., Pandey, A. (2018). Aplicações de enzimas microbianas na indústria alimentar. *Tecnologia alimentar e biotecnologia.* Universidade de Zagreb. https://doi.org/10.17113/ftb.56.01.18.5491

Sahoo, M., Vishwakarma, S., Panigrahi, C., & Kumar, J. (2021, 1 de março). Nanotecnologia: Aplicações atuais e escopo futuro em alimentos. *Fronteiras Alimentares.* John Wiley and Sons Inc. https://doi.org/10.1002/fft2.58

Iqbal, J., Khan, Z. H., & Khalid, A. (2017). Perspectivas da robótica na indústria de alimentos. Ciência e Tecnologia de Alimentos (Brasil), 37(2), 159-165. https://doi.org/10.1590/1678-457X.14616 Maurya, A., Prasad, J., Das, S., & Dwivedy, AK (2021, 20 de maio). Óleos essenciais e sua aplicação na segurança alimentar. Fronteiras em sistemas alimentares sustentáveis. Frontiers Media S.A. https://doi.org/10.3389/fsufs.2021.653420

Yan, M. R., Hsieh, S., & Ricacho, N. (2022, 1 de abril). Embalagens inovadoras de alimentos, qualidade e segurança alimentar e perspectivas do consumidor. Processos. MDPI. https://doi.org/10.3390/pr10040747

Mavani, N. R., Ali, J. M., Othman, S., Hussain, M. A., Hashim, H., & Rahman, N. A. (2022, 1 de março). Aplicação de Inteligência Artificial na Indústria Alimentar - uma Diretriz. *Revisões de engenharia de alimentos.* Springer. https://doi.org/10.1007/s12393-021-09290-z

Shafiq, M., Anjum, S., Hano, C., Anjum, I., & Abbasi, B. H. (2020). Uma visão geral das aplicações de nanomateriais e nanodispositivos na indústria alimentar. *Foods, 9*(2). https://doi.org/10.3390/foods9020148

Akyazi, T., Goti, A., Oyarbide, A., Alberdi, E., & Bayon, F. (2020). Um guia para a indústria alimentar para atender aos futuros requisitos de competências emergentes com a indústria 4.0. *Foods, 9*(4). https://doi.org/10.3390/foods9040492

Tanwar, S., Parmar, A., Kumari, A., Jadav, N. K., Hong, W. C., & Sharma, R. (2022). Adoção de Blockchain para proteger a indústria de alimentos: Oportunidades e Desafios. *Sustainability (Switzerland), 14*(12). https://doi.org/10.3390/su14127036

Tao, Q., Ding, H., Wang, H., & Cui, X. (2021). Pesquisa de aplicação: Big data na indústria alimentar. *Alimentos, 10*(9). https://doi.org/10.3390/foods10092203

Chakka, A. K., Sriraksha, M. S., & Ravishankar, C. N. (2021). Sustentabilidade de tecnologias verdes não térmicas emergentes na indústria alimentar com perspetiva de segurança alimentar: Uma revisão. *LWT, 151.* https://doi.org/10.10167j.lwt.2021.112140

yes

I want morebooks!

Buy your books fast and straightforward online - at one of world's fastest growing online book stores! Environmentally sound due to Print-on-Demand technologies.

Buy your books online at
www.morebooks.shop

Compre os seus livros mais rápido e diretamente na internet, em uma das livrarias on-line com o maior crescimento no mundo! Produção que protege o meio ambiente através das tecnologias de impressão sob demanda.

Compre os seus livros on-line em
www.morebooks.shop

info@omniscriptum.com
www.omniscriptum.com

Printed by Books on Demand GmbH, Norderstedt / Germany